· 有趣的科学法庭 ·

失败圆柱秀

〔韩〕郑玩相 著

牛林杰 王宝霞 等译

14
物理法庭

U0249345

科学普及出版社
· 北京 ·

作者简介

郑玩相

郑玩相，1985年毕业于韩国首尔大学无机材料工学系，1992年凭借超重力理论取得韩国科学技术院理论物理学博士学位。从1992年起，在国立庆尚大学基础科学部担任教师。先后在国际学术刊物上发表有关重力理论、量子力学对称性、应用物理以及物理·物理领域的一百余篇论文。2000年担任韩国晋州MBC"生活中的物理学"直播节目的嘉宾。

主要著作有《通过郑玩相教授模式学到的中学物理》，《有趣的科学法庭·数学法庭》（1～20），《有趣的科学法庭·生物法庭》（1～20），《有趣的科学法庭·物理法庭》（1～20），《有趣的科学法庭·地球法庭》（1～20），《有趣的科学法庭·化学法庭》（1～20）。还有专门为小学生讲解科学理论的《科学家们讲科学故事》系列丛书：《爱因斯坦讲相对论原理的故事》、《高斯讲数列理论的故事》、《毕达哥拉斯讲三角形的故事》、《居里夫人讲辐射线的故事》、《法拉第讲电磁铁与电动机的故事》等。

生活中一堂别开生面的科学课

"物理"与"法庭"是风马牛不相及的两个词语，对大家来说，也是不太容易理解的两个概念。虽然如此，本书的书名中却标有"物理法庭"这样的字眼，但大家千万不要因此就认为本书的内容很难理解。

虽然我学的是与法律无关的基础科学，但是我以"法庭"来命名此书是有缘由的。

本书从日常生活中经常接触到的一些棘手事件入手，试图运用物理学原理逐步解决。然而，判断这些大大小小事件的是非对错需要借助于一个舞台，于是"法庭"便作为这样一个舞台应运而生。

那么为什么必须叫"法庭"呢？因为最近出现了很多像《所罗门的选择》（韩国著名电视节目）那样，借助法律手段来解决日常生活中的棘手事件的电视节目。这类节目借助于诙谐幽默的人物形象，趣味十足的案件解决过程，将法律知识讲解得浅显易懂、妙趣横生，深受广大电视观众的喜爱。因而，本书也借助法庭的形式，尽最大努力让大家的物理学习过程变得轻松愉快、有滋有味。

读完本书后，大家一定会惊异于自己身上发生的变化。因为大家对科学的畏惧感已全然消失，取而代之的是对科学问题的无限好奇。当然大家的科学成绩也会"芝麻开花节节高"。

运用物理学知识通常能作出正确的判断。这是因为物理学的法则与定律是近乎完美的真谛。我希望大家能对那些真谛有所体会与领悟。当然，我的希望能否实现还要取决于大家的判断。

此书得以付梓，离不开很多人的帮助。在这里，我要特别感谢给我以莫大勇气与鼓励的韩国子音和母音株式会社社长姜炳哲先生。韩国子音和母音株式会社的朋友们为了这一系列丛书的成功出版，牺牲了很多宝贵的时间，做出了很大的努力。在此我要向他们致以我最诚挚的感谢。同时，我还要感谢韩国晋州"SCICOM"科学创作社团的朋友们对我工作的鼎力协助。

郑玩相
作于晋州

物理法庭的诞生

从前有一个叫作科学王国的国家，在这个国家里生活着一群爱好科学的人。科学王国的百姓们从小就把科学当作必修课程来学习。他们运用高新尖端技术开发新产品并取得了相当可观的收益，因此科学王国成为世界上最富有的国家。

科学包括物理学、化学、生物学等学科。不过，与其他科学科目相比，科学王国的百姓们觉得物理学更难。虽然在他们身边经常可以发现像石子下落、汽车相撞、游乐器械运转、静电等物理现象，但是真正了解这些物理现象原理的人却是少之又少。

这其中的原因与科学王国的大学入学考试制度有很大的关系。大部分的高中生都偏好于在大学入学考试中可以相对容易拿到高分的化学、生物，对于拿分困难的物理，他们是敬而远之。因此，在学校里教物理的老师越来越少，老师们的物理知识水平也越来越低。

在这种严峻的形势下，有关物理的大大小小的案件却在科学王国不断上演。这些案件一般交给由学法学的人组成的普通法庭处理。由于普通法庭的人员不懂物理学，很难公正、合理地判决这些案件。因此，越来越多的人开始不服这些法庭作出的判决。由此也引发了严重的社会问题。

于是，科学王国的博学总统组织召开了部长会议。

总统有气无力地说道："这个问题该如何处理才好呢？"

法务部部长满怀信心地说道："在宪法中增加一些物理方面的条款怎么样？"

总统似乎不是很满意地答道："会不会起不到什么作用呢？"

"对于跟物理学相关的案件，我们让物理学家出庭审判，如何？医疗案件中曾让医生出庭审判过，结果很成功。"医生出身的卫生部部长插了一句。

内务部部长向卫生部部长追问道："让医生参与审判有什么好的？医疗事故一般都是由于医生的失误引起的。如果有医生参与审判，医生往往就会偏向于被告医生的一方，为此受害者将数不尽数。"

"你懂医吗？这医学啊！讲的都是些专业性的知识，只有医生才懂！不懂在这瞎嚷嚷什么呀！"

"他们是一根绳上的蚂蚱。因此就只会作出对自己有利的判决！"

平日里关系不很融洽的两位部长为此吵得面红耳赤。

副总统打断了两个人的争吵："二位打住。我们现在又不是在说医疗案件，大家都回到正题上来，谈谈物理案件的解决办法。"

数学部部长建议道："那就先让我们听听物理部部长的意见吧。"

一直闭着眼睛默默地坐在那里的物理部部长开口了："我们组建一个以物理学为法律依据的新法庭，怎么样？也就是说组建一个物理法庭。"

"物理法庭？！"一直沉默的博学总统瞪大眼睛看着物理部部长。

物理部部长自信满满地说道："我们把有关物理的案件拿到物理法庭上去解决。同时，把在法庭上作出的判决登在报纸上广而告之。人们看了就可以认识到自己的错误，不会再争吵了。"

法务部部长提出了一个疑问："那么有关物理的法律是不是该由国会制定呢？"

"物理学是一门公正的学问。苹果树上的苹果会掉在地上而不会跑到天上，带正电的物体与带负电的物体之间是相互吸引的，这不会随地位或国家的不同而有所改变。这样的物理法则就存在于我们身边，不需要再制定新的物理法。"

物理部部长的话音刚落，总统就心满意足地笑了。就这样，专门负责科学王国物理案件的物理法庭诞生了。

现在只剩下决定物理法庭审判长和律师人选的事情了。由于物理学家不熟悉审判的程序，所以不能直接把审判工作交给他们来做。于是，科学王国举行了一场面向物理学家的司法考试。考试科目有两门，分别为物理学和审判法。

本以为大家会踊跃报名，结果在只选拔三名人员的考试中，仅有三人投了简历。事情的最终结果是三个人全部被录取了。

第一名和第二名的成绩还算让人满意，可是第三名的分数却很糟糕。最终，由第一名的王物理先生担任审判长，第二名的皮兹先生和第三名的吴利茫先生分别担任原被告的律师。

现在，科学王国百姓之间发生的众多物理案件终于可以通过物理法庭得到妥善解决了。与此同时，人们也可以通过物理法庭的判决轻松地学习物理知识。

与能量有关的案件

距离这么远的话应该会比较安全的……

哎哟喂！

哐！

哐！

爸爸在滑雪橇时出事故了！

海盗船的座位价格

海盗船的座位价格

难道真的要根据海盗船上座位的位置来收取不同的费用吗？

走进案件

"那是什么呀？"

"嗯，我也不知道。长得像条船，但是这附近别说大海了，连条小河都没有，这船根本就没有用武之地啊……"

最近，科学王国的无聊市里新建了许多奇特的游乐设施。在公园游乐场的正中央，正在建造一个像船一样的设施。看到这个庞然大物，孩子们都聚集到它的周围，议论着这到底是个什么设施。没过多久，这个设施就施工完毕了，挂在上面的巨大的广告牌揭开了它的神秘面纱。广告牌上，醒目地写着"海盗船"三个大字。

"原来这就是传说中的海盗船啊。"

"这应该是我们市里的第一艘海盗船吧？"

"应该是吧。我去别的城市旅行的时候也曾经坐过一次海盗船，我现在还对当时的感觉记忆犹新呢，实在是太有趣了。"

此次无聊市首次引进了海盗船,在无聊市,别说坐过海盗船的人了,就连见过海盗船的人也是寥寥无几,因此,全市人民都对这个传说中的事物充满了期待。尤其是孩子们,为了让父母带自己去坐海盗船,他们一到海盗船的旁边就赖着不走,有的孩子甚至早早地就攒好了坐海盗船的票钱。不仅仅是孩子,就连成年人在公园里看到海盗船也会连连赞叹,并且在心里暗暗期待着海盗船早日投入运营。不知道运营者是不是听说了大家对海盗船的期待,没过几天,海盗船就正式开始运行了。

"你听说了吗?从昨天开始,海盗船已经投入运营了。"

"真的吗?那我们也快去坐一次吧!"

安大胆和王害怕是一对好朋友,他们又是好奇又是期待地赶到公园,准备乘坐一下闻名全市的海盗船。此时的海盗船前人声鼎沸,仿佛变成了农贸市场。有人老老实实地在排队等候,有人想要趁人不备偷偷插队,而小孩子们则哭着闹着缠着妈妈要坐海盗船。看到大家争着乘坐,海盗船主人朴精明通过扩音器大声说道:"好了好了,请大家遵守秩序。遵守秩序!"

又过了一会儿,海盗船的门一开,人们就争先恐后地

海盗船的座位价格

坐满了里面的座位。乘客们一落座，朴精明又拿起扩音器喊道："大家请注意，由于大家都是第一次坐海盗船，我们就先这样安排座位，让大家先体验一次，然后我再详细给大家说明一下各个座位的价格。"

接着，只听 "嗡" 地一声，海盗船开始摇摆起来。安大胆运气很好，他坐在了最后面的位置上，体验到了海盗船的惊险刺激。王害怕却吓得不行，他盼着海盗船快点停下，两个手紧紧握着保险杠，连眼睛都不敢睁开。终于，海盗船缓缓地停了下来。这时，朴精明拿起扩音器向船上的人问道："怎么样，大家玩得开心吗？"

人们兴奋得脸色通红，激动地回答道："开心！"

此时，不仅是小孩子，就连大人们也按捺不住心中的兴奋。

"好的，那么我先简单地向大家说明一下乘坐的费用。海盗船两头的座位是中间座位价格的两倍。"

"什么？"

人们对朴精明的话感到十分不解。

王害怕从人群中站出来说道："乘海盗船时，坐在哪个位置上不都一样嘛！难道说坐在两边好玩，坐在中间就不好玩了么？"

朴精明用奸商所特有的腔调回答道："大家刚刚也看

到了，海盗船的每个座位摆的幅度以及下降的速度是各不相同的，所以说玩起来最刺激的后排座位价格当然要高一些了，大家说是吗？"

安大胆也开始抗议起来："这也太不像话了。所有座位移动的速度都是一样的，怎么能按照座位不同收取不同费用呢？"

"您有自由想象的权利。呵呵呵。"

"我觉得前面、后面看着都挺恐怖的。"

等候的人们也开始议论纷纷，对收费方式表达不满。

安大胆气得紧紧地攥起了拳头。第二天，他就把海盗船运营商告上了物理法庭。

当海盗船从高处向下运动时，它的势能转化为动能，因此，海盗船移动的速度就会增加。这也是海盗船的工作原理。

事实是不是像朴精明说的那样，坐在海盗船的后排位置速度更快，玩起来更刺激呢？让我们通过物理法庭来了解一下吧！

物理法庭

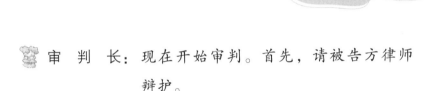

审 判 长：现在开始审判。首先，请被告方律师辩护。

吴利茫律师：嗯……请稍等一下。

审 判 长：您的脸色为什么看起来那么难看？

吴利茫律师：为了准备这次法庭辩论，我足足坐了20次海盗船，现在胃里非常难受。

审 判 长：那么，我们就把您的辩护跳过去了？

吴利茫律师：不可以！必须要辩护的。

审 判 长：请不要无病呻吟！好，现在开始辩护。

吴利茫律师：知道啦，知道啦！哼！根据我坐了无数次海盗船的经验，后排座位收取更高的费用是十分合理的，我用我的亲身行动验证了这一点。

海盗船的座位价格

审　判　长： 那你有什么证据来说明吗？

吴利茫律师： 审判长先生去坐一下海盗船就知道了。后排座位要比其他座位恐怖一百万倍啊！

审　判　长： 唉。我们还是来听听原告方律师的陈述吧。

皮兹律师： 我们请到了来自能量研究所的证人金速度先生，请证人入庭。

此时，一位头发花白的老绅士神情淡定地走进法庭，坐在了证人席上。

皮兹律师： 在乘坐海盗船时，坐在后排比坐在前排移动的速度更快，那么，是不是坐在后排感觉更恐怖一些呢？

金速度先生： 恐怖？乘坐海盗船时会不会感到恐怖，这是要看每个人的承受能力的，不是吗？与其讨论这个，我还是先说明一下海盗船是怎么加速的吧。在运动到最高点时会稍微停顿

海盗船的座位价格

一下，接着便会加速向下运动。这种长得像船一样的游乐设施就是海盗船。以海盗船下降到最低位置时的高度为基准，在此基准高度以上的海盗船会具有一定的势能，随着海盗船位置逐渐下降，它的势能就会逐渐减小，而减小的势能则会转化为动能，使海盗船加速运动。

皮兹律师：那么，坐在海盗船不同的位置上移动时的速度也各不相同吗？一般来说，由于坐在后排时会比坐在前排感觉速度更快，因此也就会感觉更刺激的……

金速度先生：海盗船离地越高，下降时的速度也就越快，但是，速度并不会随着座位的不同而发生改变。海盗船虽然很大，但也是一个整体，各个部分的速度不会产生差别，若各个部分的速度不同，那么移动较快的部分就会从移动慢的部分中脱离

海盗船的座位价格

出去。坐在海盗船后排与坐在前排唯一的不同就是摇摆的高度不一样。坐在后排感觉更恐怖，大概也就是因为后排要比前排摇摆得更高吧，哈哈哈。但是，话又说回来了，坐在后排的人下降的高度要比坐在前排的人更低一些，因此也就不能说坐在后排肯定就比坐在前排惊险刺激。

皮兹律师：是啊。从一方面来讲，坐在后排的人会比坐在前排的人摇摆得更高，但是，从另一方面来讲，坐在后排的人下降的高度要比坐在前排的人更低一些。我还真没有想到这个。通过证人的说明，我们都知道了，海盗船在高处时所具有的势能会在海盗船下降时逐渐转化为动能，并使海盗船加速运动，而且海盗船上各个位置在移动时的速度是一样的。因此，被告方不能按照座位的不同来收取不同的费用。

海盗船的座位价格

如果已经向一些顾客收取了过高的费用，请将超出普通金额的部分返还给顾客。

审　判　长：听了原告方的陈述，被告方想必也是心服口服了吧。被告方今后在收取费用时，不能按照座位的不同来收取不同的费用。已经多收的费用需要返还给顾客，并且以后也要按照固定的价格收费。那么，本次审判到此结束。

审判结束后，曾交了两倍费用的安大胆拿到了多交的钱，然后他用这些钱又坐了一次海盗船。从那以后，安大胆天天都要去乘坐海盗船。最近他又听说，过不了多久无聊市要引进蹦极设施，于是热爱惊险刺激的他又沉浸在对蹦极的期待中。

动　能

物体由于运动而具有的能量，称为物体的动能。当物体受到力的作用时会发生能量的转换，物体运动的速度会增加并会产生动能。动能是运动的物体才具有的特性，动能不仅取决于物体的速度，还取决于物体质量的大小。

势能的基准是什么呢？

势能的基准是什么呢？

白痴美和高知识一同参加知识竞答节目，他们在节目中得到相同分数的原因是什么呢？

走进案件

白痴美是一名拥有倾国倾城之貌的女艺人。她的脸蛋仿佛是经过精雕细琢的，完美无瑕，身材也是完美的S形。凭借着自己的魅力，白痴美受到了大众的欢迎，但是，她也有她的困扰。

"白痴美的演技太差了！她到底笨到什么程度了，连句台词都背不下来，完全就是个花瓶啊，根本不是当演员的料！"

"白痴美的脸蛋儿确实漂亮啊！但是，据说她其实就是个笨蛋。这是秘密哦！哈哈哈。"

人们对白痴美始终抱有这样的看法。白痴美的公司对于她的这种形象也感到十分无奈。来找白痴美拍摄的影视作品都是因为需要白痴美的美貌，而不是她的演技。但是，白痴美的梦想却是成为一名演技派演员。

白痴美总是向公司老板提出这样的要求："我也想

扮演命运悲惨的女主人公或者性格顽强的女强人这类的角色！"

但是，老板总会无奈地叹口气，说道："演技不好的话这种角色是绝对驾驭不了的……痴美啊，你演不了的，唉。"

之前，还有过这样的一件事。在一家杂志社对白痴美的采访中，她的无知充分地显示出来。

"白痴美小姐！在这次玫瑰香化妆品的广告中，您充分展示了您的性感魅力。这个广告真是太符合您的特点了。"

白痴美盘腿坐着，摆出一副高傲的姿态，她回答道："是啊，玫瑰和我还是挺相配的！玫瑰。Lose。呵呵呵。"

"嗯？您说玫瑰是Lose？难道不是Rose吗？"

"当然是Lose啦！L！Lose！记者先生连这个都不知道吗？"

第二天，对白痴美的采访报道占了报纸整整一面，采访的题目是：白痴美说玫瑰是"Lose"！

看到采访报道的公司上层向白痴美下了封口令。

也就是说，白痴美不会接受任何采访。不久以后，白痴美以嘉宾的身份参与了一档体育节目。

势能的基准是什么呢？

　　"白痴美小姐为了助阵雅典奥运会，亲自来到了我们的演播室。白痴美小姐，现在是凌晨，您一定也很疲惫吧？"

　　"啊？是有点困。但是啊……。"此时，白痴美经纪人的脑子里忽然又闪现出上次关于"Lose"的痛苦回忆，然后感觉心里一阵不安。

　　"拜托，不要回答啊！"

　　"但是啊，希腊人怎么在凌晨踢足球啊？在白天踢不更好嘛。呵呵呵。"

　　"啊！这是由于时差的问题啊……"

　　这时，白痴美和其他的嘉宾同时陷入了沉默。经纪人也无奈地闭上了双眼。第二天，关于白痴美的新闻再一次以整版的篇幅出现在报纸上，新闻题目是：白痴美问，希腊人怎么在凌晨踢球呢？

　　白痴美的经纪公司再次召开了紧急会议。

　　"不能再这样下去了。看来只能让白痴美学习，然后送她去上大学了。像这样无知的表现，会成为她以后在演艺界活动的巨大障碍。"

　　"是啊，在这个高智商艺人层出不穷的时代，有脸蛋儿而没知识的艺人是最先会被淘汰的。"

　　就这样，白痴美开始了她的学习生活。

　　确定了一年的工作空白期后，白痴美就全身心地投入

势能的基准是什么呢？

学习中。一年后，白痴美以全新的面貌自信地出现在了一档知识问答节目中。

"白痴美小姐，您好！真是好久不见了。但是，一回归演艺界就参加知识问答节目……真是出乎人们意料啊！"

这时的白痴美已经不是曾经的她。现在在她的身上仿佛散发着迷人的知性美。

"其实，之前由于我在知识储备方面的不足，让很多粉丝失望了。因此，这一年内我一直在努力学习。在此次的知识问答节目中，我一定将我的新面貌展现给大家。请大家期待我的表现！"

经她这么一说，节目工作人员和观众们都对白痴美的新面貌充满了期待。

"咦，白痴美怎么会出现在这个知识问答节目中啊？这么说，她已经通过了所有的预选了？"

科学王国的知识问答节目因其严格的考核过程而出名。要通过3次以上的预选才能进入决赛。此时，人们看白痴美的眼光发生了改变，因为她已经站在了决赛的舞台上。仿佛是为了弥补自己曾经的不足，白痴美以惊人的实力一路过关斩将，回答了各种各样的问题。此时胜利就在眼前。

势能的基准是什么呢？

"哇，白痴美小姐实在是太厉害了！现在，进入决赛的选手是白痴美小姐和高知识先生。白小姐，请问您现在感觉如何？"

白痴美的脸上掠过一丝不易察觉的微笑。她回答道："虽然有点紧张，但是，既然已经来到这里，我就一定要拿到优胜奖。"

"看来白痴美小姐已经做好了获胜的准备。白小姐一年来真是产生了巨大的变化啊。"

看到白痴美的改变，她的经纪人感到十分地欣慰。回想起一年来吃的苦，眼泪情不自禁地就流了下来。

"终于！白痴美！终于又站起来了！"

"那么，接下来我们将出示最后一个决赛问题。这个问题将会决定最终鹿死谁手。两位请仔细听题，并慎重地作答。现在开始提问。"

此时的白痴美感到极度地紧张。高知识也紧张得手心里开始冒汗。

"请听题。在离地面1米高的地方，悬挂着一个质量为1千克的物体。那么，此时物体的势能为多少呢？"

此时的演播大厅里被寂静与紧张感笼罩着。在思考了一会儿后，两个人写下了各自的答案。

"这个问题有些难度。两位已经把答案写了下来。白痴美小姐，您有信心能答对这个问题吗？"

"稍微有点不自信……我有些紧张。"

"高知识先生，您有信心能答对这个问题吗？"

"有！我有自信！"

"那么，在揭晓答案之前，首先要公开两位写下的答案。请两位举起答题板！"

白痴美和高知识用颤抖的双手举起了答题板。白痴美的答案是0焦，而高知识的答案是10焦。

"好，那么两位的答案中哪个答案是正确的呢？想必大家也对结果十分期待。今天的胜者将被授予'答题王'的称号以及2000美元的奖金。那么，接下来我们就要揭晓答案了。连我都很紧张，那就别说这两位了。正确答案是——高知识先生写的10焦。恭喜高知识先生！"

"哐！"

舞台上的礼炮响了起来。但是，就在此时，一名坐在观众席上的青年突然站起来喊道："请等一下！"

由于是直播节目，这种突发情况让节目工作人员和参与者们都十分紧张。

"我是白痴美的粉丝。白痴美写的0焦也是正确答案。"

演播室瞬间变得鸦雀无声。几名工作人员把青年带出

势能的基准是什么呢？

了演播大厅。值得庆幸的是，节目顺利结束了。与冠军擦肩而过，白痴美多少有些失落。

"痴美啊，能做到这样已经足以重新塑造你的形象了！你发生改变的事在网上正传得热火朝天呢！哈哈哈。"

经纪人不停地安慰白痴美。此时，刚刚在演播大厅里大喊的青年走了过来。

"真的！我说的是真的！0焦也是正确答案。"

"抱歉，请您出去！不要再刻意安慰我了，请出去。"

此时的白痴美变得十分敏感。青年有些激动，又说道："我说的是事实！0焦也是正确答案！"

白痴美没有理会青年的话。第二天，青年将知识问答节目的录像带交到物理法庭，并向物理法庭提出申诉。

"在决赛中，白痴美的答案也是正确的。但是，竟然没有人理会我的抗议，因此，我要向物理法庭起诉这个知识问答节目组。"

第二天，白痴美的新闻又一次出现在报纸的醒目位置，新闻题目是：白痴美的狂热粉丝起诉知识问答节目组！

势能与物体的质量、高度以及重力加速度成正比。此时，物体的高度会随着基准的不同而改变。

势能的值会不会不止一个呢？
让我们通过物理法庭来了解一下吧！

物理法庭

审 判 长：现在开始审判。在物理学中，势能是
不能被忽视的一部分。在此次知识问
答节目中，出现了关于势能的问题，
由于对此问题的答案存在异议，原告
提出了申诉。那么，问题的答案是怎
样得来的，原告又为什么会对答案产
生异议呢？我们来听一下双方的陈
述。首先，请被告方辩护。

吴利茫律师：知识问答中出现的问题是"在离地面
1米高的地方，悬挂着一个质量为1千
克的物体。那么，此时物体所具有的
势能是多少呢？"这个问题考查的是
选手对势能以及势能的计算方法是否

势能的基准是什么呢？

有足够的认识。若选手对势能有着足够的了解，那么，这个问题解决起来并不困难。势能与物体的质量、高度以及重力加速度成正比，因此，当质量为1千克，高度为1米，重力加速度为10米/秒^{2}时，势能当然为10焦啦。

审　判　长：那么，原告为什么对10焦这个答案存在异议呢？还有，原告说白痴美的答案0焦也是正确答案，原告的理由是什么呢？

吴利茫律师：因为白痴美长得漂亮，人气很高，而且原告还是白痴美的狂热粉丝。自己的偶像没能答对问题，并与冠军失之交臂，原告对此无法忍受所以才会这样的。但是，正确答案不可能是0焦，并且，我想白痴美也不会希望原告因为此事而向物理法庭申诉的。所以说，原告方根本不必把事情弄到这个份上的。

势能的基准是什么呢？

审 判 长：这么说来，知识问答的答案不可能是
0焦，而原告只是出于希望白痴美能
取得胜利的心愿才进行的申诉啊。那
么，接下来请原告方陈述0焦也可以是
正确答案的理由。

皮 兹 律 师：被告方律师有必要对势能的知识进行
更为准确的学习和把握。势能不是一
个绝对量，而是相对变化的量。

审 判 长：能量发生变化，这是什么意思呢？

皮 兹 律 师：如被告方律师所说，势能与物体的质
量、高度以及重力加速度成正比，但
是，随着位置基准的变化，势能有可
能会是多个不同的值。因此，在摆放
物体的时候，应首先确定势能零点
（基准）的位置。在知识问答节目中
出现的求势能的题目里，若以地面为
基准的话，被告方所提出的10焦就是
正确答案，但是，如果以物体所在的
离地面1米高的位置为基准的话，原告

势能的基准是什么呢？

方的答案0焦就会成立。若基准为离地面2米高的位置，那么，此时的势能则为-10焦。

审　判　长： 看来在计算势能的时候，确定以哪里为计算的基准点是十分重要的啊！

皮兹律师： 是这样的。虽然这是由于出题人缺乏基本常识才出现的失误，但是，因为出题人没能指出势能的基准点，这导致节目出现了题目没有正确答案的严重后果。因此，我们要求节目方能够重新进行一次答案确定、对得起高奖金的高质量比赛。

审　判　长： 节目在选择出题人时，应该找一些知识学得更扎实的人。我宣布，此次知识问答两个人不分胜负，节目方人

> **势能**
>
> 由相互作用的物体之间的相对位置，或由物体内部各部分之间的相对位置所确定的能量叫作"势能"。例如，由于地面上方的一个物体在下降时会做功，因此，该物体所具有的势能叫作重力势能。再比如说，弹簧在受到外力时会发生变形，此时，若去除外力，用来克服变形的弹力会做功，因此，该物体所具有的势能叫作弹性势能。

势能的基准是什么呢？

员应重新组织决赛，并慎重选择决赛
问题。那么，本次审判到此结束。

审判结束后，人们都知道了原来白痴美的答案也是
正确答案。一直人们都以为白痴美只是个"花瓶"，而白
痴美在这次知识问答中显示出来的智慧着实让人们大吃一
惊。在那次知识问答之后，白痴美塑造了自己知性美的形
象，她的演艺事业也因此达到顶峰。

体重大小决定动能大小吗？

体重为100千克的男人和体重为50千克的女人在奔跑时，谁的动能会更大一些呢？

"好奇心王国"是一档为满足观众们的好奇心、解决观众们提出的问题而开设的节目，这个节目经常会采用一些十分特别的素材来提高收视率。

"观众朋友们，为了解决大家提出的问题、满足大家的好奇心，今天我们依旧做了充足的准备。今天我们

走进案件

要解决的问题来自我们主页留言板。网名为好奇女孩儿的网友留言问道，'如果在睡觉前吃方便面，那么第二天早晨脸真的会肿起来吗？'好，为了满足她的好奇心，我们现在就来试验一下。试验男孩儿！请出场！"

这时，一名身穿超人紧身衣的男子出现在电视画面中。

"哈哈！观众朋友们，大家好！我是试验男孩儿。睡前吃方便面，第二天早晨脸到底会不会肿呢？如果肿了的话，那又会肿到什么程度呢？为了验证这个问题，我们请来两位女士和两位男士来帮助我们进行试验。现在时间是

体重大小决定动能大小吗？

夜里11点整。从现在开始，四位将吃到美味的方便面，并在吃过以后开始睡觉。1号女士会吃一碗方便面，2号女士会吃两碗，3号男士会吃三碗，而4号男士则会吃四碗方便面。吃过之后，四位便会直接躺下就寝。"

美味的方便面摆在了四位试验参与者面前的餐桌上。面里还放了鸡蛋，撒了葱花，看起来非常诱人。

"哇！看起来真的是诱人食欲啊！现在，一些打算减肥的朋友可能会想换频道，但是，请再忍一下！哈哈哈。好的，那么从现在开始，四位可以用餐了。开始！"

随着一声令下，四位参与者便开始尽情地吃起方便面来。吃完面以后，他们立即躺在了床上。接着，房间的灯统统被关掉。四个人很快进入了梦乡，直到第二天早上7点钟。

"观众朋友们，早上好！红彤彤的太阳已经升上了天空！哈哈哈。吃过方便面后就寝的四位试验参与者现在还沉浸在美梦中呢。我现在就去叫醒他们。"

试验男孩儿打开了屋里的窗帘。清晨的阳光洒进了屋内。

"这是怎么回事！"

此时，试验参与者们的脸可以用惨不忍睹来形容。脸肿起来的试验参与者们一看到摄像机，便拼了命地遮盖自己的脸。

体重大小决定动能大小吗？

"哇哈！实在是太神奇了。看来晚上是绝对不能吃方便面的啊！特别是吃了四碗面以后就寝的4号男士！您看起来真的有点恐怖啊。那么，好奇女孩儿，您的好奇心得到满足了吗？"

看到这搞笑的一幕，观众全都笑得前仰后合。此时，主持人于在石再次拿起话筒，笑着说道："我们好奇心王国真是太厉害了。试验参与者们的脸肿成这样竟然也被毫不留情播出了。但是，不管怎样，好奇女孩儿的好奇心得到了满足，这就是我们节目的宗旨！哈哈哈，我又开始期待下一个问题了。哈哈哈！网名为侦探先生的网友向我们提问道，'体重为100千克的男人和体重为50千克的女人在奔跑时，谁的动能会更大一些呢？'嗯，这个问题是比较偏重科学常识的。朴巨星，你对这个问题有什么看法呢？"

被称为搞笑界新星的朴巨星歪着身子站着，回答道："这个不用说，当然是100千克的男人的动能更大喽！这么显而易见的问题有必要提出来吗？"

他开始展现自己所特有的 "愤怒式搞笑"。旁边的张准话向朴巨星提出了反对意见。

"你这个人又在展示你的无知啦！体重越重，当然跑得越慢啊！你看看跑步运动员们，他们不都很瘦嘛！哎

体重大小决定动能大小吗？

哟！"

"什么？你竟然敢向我朴巨星提出挑战？你知道什么叫人气吗？你知道什么叫人气吗！"

"这跟人气有什么关系啊？"

两个人一见面就会无休止地吵个不停。看到这一幕，主持人于在石急急忙忙地结束了节目。

节目虽然结束了，但两个人的争论仍然没有停止。最终，他们把这个问题交给了物理法庭来解决。

动能与质量成正比，与速度的平方成正比，因此，速度对动能的影响更大一些。

体重更重的人动能也就更大吗？
让我们通过物理法庭来了解一下吧！

物理法庭

审　判　长： 现在开始审判。大家对动能与质量的
关系这个问题产生了意见的分歧。请
双方以客观事实为基础阐述各自观
点。首先，请吴利茫律师进行陈述。

吴利茫律师： 这么显而易见的事情，我都不好意思
说出口。质量大的话，动能当然也就
更大啦。

审　判　长： 质量与动能是成正比的吗？

吴利茫律师： 当然啦。您的问题总结了我刚刚陈述
的内容。质量与动能是成正比的。

审　判　长： 吴利茫律师主张动能与质量成正比，
那么，接下来请皮兹律师进行陈述。

皮　兹律师： 刚刚吴利茫律师说动能与质量成正

体重大小决定动能大小吗？

比。是的，这是事实，但是他却忽略了另一个事实。

审　判　长：那么，他忽略了什么事实呢？除了质量以外，动能还会受到其他因素的影响吗？

皮兹律师：是这样的。除了质量以外，动能还受到了其他因素的影响。为了说明动能受到什么因素的影响以及动能是怎样变化的，我们请到了这个方面的专家——来自能量科学研究所的高速度所长。请审判长先生允许高所长入庭。

审　判　长：好的，请高所长入庭。

审判长话音一落，只见一位身材细长、脸长得很小的30岁左右的男子快速跑进物理法庭，坐在了证人席上。

皮兹律师：高所长跑进法庭时，好像在极短的时间内，爆发了巨大的能量。据我了解，根据能量种类的不同，需要考虑

体重大小决定动能大小吗？

的各种影响因素也是各不相同的。那么，影响动能的因素都有什么呢？

高速度所长： 就像您刚刚所说的，动能与质量成正比。而在测定或者计算动能时，除了要考虑质量以外，还要考虑速度。因为即使质量再大，若速度为0的话，动能也是为0的。

皮兹律师： 动能与速度也成正比吗？

高速度所长： 不是的。动能是与速度的平方成正比。也就是说，动能与质量以及速度的平方成正比。刚刚吴利茫律师说质量越大动能也就越大，这是事实，但是，由于动能与质量成正比，与速度的平方成正比，因此，动能受到速度的影响会更大一些。也就是说，与质量大但速度慢的人相比，质量小速度却很快的人具有的动能可能会更大。

速度
速度和速率都是表示物体运动快慢的物理量。速率表示的是单位时间内物体移动的距离，而速度表示的是单位时间内物体位移的多少。在这里，位移不是物体移动的距离，而是物体在某一段时间内，由初位置移到末位置之间的有向线段。

皮兹律师： 看来不能只考虑质量，也应该考虑到奔跑时的速度啊！

与能量有关的案件

高速度所长：是这样的。动能的定值为 $\frac{1}{2}mv^2$，其中 m 为物体质量，v 为速度。运用这个公式便可以正确地计算出谁具有的动能更大。

皮兹律师：既然有了计算动能的公式，那就没有必要继续争吵了。动能与质量以及速度的平方成正比，现在又有了计算动能的公式，我们可以轻而易举地计算出动能的值来。

审 判 长：如果能计算出正确的动能值，那么也就可以很轻松地进行比较了。动能不仅受到质量的影响，并且还与速度有关，因此，也就无法断定说质量大的人动能肯定也就更大。那么，此次的审判到此结束。

审判结束后，朴巨星知道了自己所说的话原来是错误的，感觉十分丢人。从那以后，曾经整日说大话的朴巨星也开始尝试着读一些科学常识的读物，并逐渐养成了谦虚谨慎的好习惯。但是，在与别人讨论问题时，对于自己肯定的答案，他仍会据理力争。

刹车距离与速度

能不能通过测量刹车后的滑行距离来判断汽车超速的大小呢？

走进案件

业余赛车手斯快速和裴高速是一对老朋友，虽说他们已结为拜把子兄弟，关系很铁，但是，他们也同时视对方为竞争对手。

"裴高速！这次比赛你有信心摘得桂冠？"

"当然啦！我可是盼星星盼月亮地盼着这次比赛啊！上次比赛不是你赢了嘛。这次我绝对不会让着你的！"

"比赛不会像你想象的那么美好的！对这次比赛，我想获胜的欲望也是很强烈哦。"

"哈哈，看来这次比赛又会十分激烈啦！"

一周以后，两个人都出现在了世界业余选手赛车大赛上。

从小学开始就天天在一起吵吵闹闹的他们总是形影不离。两个人兴趣相投，性格也很相像，因此，别人经常会以为他们是双胞胎。还有，他们的梦想都是成为最棒的赛车手。两个人是在十岁的时候义结金兰的。当初，斯快速的爸爸在儿童节那天送给他一辆无线遥控汽车玩具。碰巧的是，裴高速的爸爸也送给裴高速同样的玩具。两个人拿着赛车玩了整整一天，连饭都没顾得上吃。在公园相遇的斯快速和裴高速进行了一场玩具车比赛，他们比了一轮又一轮，直到夜深人静、玩具车的电池没电了才恋恋不舍地回家。看到孩子们这么晚都没有回家，他们的父母十分焦急，到处去找他们。直到深夜，本以为走失了的两个孩子才灰头土脸地回到家里，那天的事情已经成为他们的家庭无法忘却的记忆。

"斯快速！你今天不练车吗？"

"练车？离比赛还有一个星期呢，这么早就开始练车啊？"

"你看起来很有把握啊？这么早？现在就只剩下一个星期的练习时间了。"

"裴高速！你是不是太着急了啊！难道你是因为怕输给我才这样的吗？哈哈哈！"

"斯快速！"

裴高速的表情变得有些僵硬。

"我开玩笑的。我今天要在家休息一下。哎哟，真是

刹车距离与速度

春困秋乏啊，我都困得不行了。"

"行行，就你厉害。我去练习了，你去睡你的吧！哼！"

裴高速有些生气地离开了。最近，斯快速变得非常高傲。在上次的比赛中，他超越了裴高速，获得了冠军，这使现在的他看起来充满了自信。但是，其实他心里却没有那么大的把握。

"还真有点担心……大话说出去了，还不能去练车！但是比赛就剩下一个星期了，又不能不练车！怎么办呢？"

苦恼的斯快速终于想出了办法。

"去郊区的话应该有可以练车的公路……"

为了把车开走，斯快速来到了赛车场。此时的裴高速正在热血沸腾地练着车。

"裴高速……看起来真的很认真啊。心里还真有点不安。"

斯快速趁裴高速不注意，偷偷地上了车，然后又小心翼翼地把车开了出去。

裴高速为斯快速的改变感到十分气愤。

"这个臭小子！不就得了个冠军嘛，竟然连朋友都不在乎了。而且还无视我。哼！"

在开车转了一圈时，他远远地看到了斯快速。

"咦？这个臭小子来干嘛？他不是说要回家睡觉嘛！"

此时的斯快速好像个偷车贼一样，只想趁人不备地溜出赛车场，裴高速看着斯快速小心翼翼的样子，忍不住笑了起来。

"哎哟，既然这样，当初你还说什么大话啊？哈哈，要不要跟着他出去瞧瞧啊？"

斯快速以为自己成功地逃了出来，如释重负地松了一口气。然后开车向郊区进发。如他料想的那样，郊区果然没有什么车。

"哈哈，看来在这里可以尽情地飞车了。太好了！"

斯快速正打算奔驰，忽然听到了一阵刺耳的汽车鸣笛声。

"嘀——嘀——"

"谁会来这种人烟罕至的地方啊？"

斯快速扭过头去看到底是什么人。

"啊！"

只见裴高速正笑着朝他走过来。

"喂！这儿难道是你家吗？说是去睡觉，原来是像小偷一样把车开出来在郊区练车啊。真是太……"

刹车距离与速度

"喂！你怎么能随便跟踪别人啊？我干嘛和你有什么关系啊？"

"什么？你说话也太过分了吧！"

"哼！"

看到斯快速态度这么恶劣，裴高速也是气不打一处来，他生气地说道："你真的要这样吗？好！那咱俩今天就在这儿决一死战吧！"

"什么？你配得上做我的对手吗？"

"你这个小子，虽然十岁时跟你玩遥控赛车的时候就知道你很有野心，但是我没想到你会这么过分！"

"你说什么？"

"当初你趁我不注意挖了个土坑，导致我的车掉到坑里没能出来，最后你不是赢了嘛！"

"你说的这是什么话？这不可能！"

"因为那时候我们已经拜把子了，所以我就没有揭穿你。但是，现在一切都变了。我们再也不是兄弟了！"

"好啊！谁输了就主动退出世界业余选手赛车大赛！"

"好！我也是这么想的！"

说完，两个人各自回到车里，发动了赛车，他们握住方向盘，时刻准备出发。斯快速把头伸出车窗，对裴高速说："5秒后出发！开到入口！"

"好，谁也不能犯规！"

5，4，3，2，1！瞬时，只见两辆车以飞快的速度开始疾驰。看到这一幕的村民们都被他们的速度吓到了，有人报了警。接到报警的警察赶到了村口，等待即将来到的两个人。没过多久，两辆车就来到了村口，看到警察两个人同时踩住刹车，几乎同时到达了终点。

"两位都请下车！"

一打开车门，两个人就看到神情严肃的警察。

"跑到这么安静平和的村庄里飙车！你们到底有没有公德心啊？万一开车撞到村民怎么办啊？你们俩要不就快点交超速罚金，要不就跟我到警察局走一趟！"

两个人无奈地下了车。这时，警察忽然"哎呀"叫了一声。原来是他把测速的机器忘在了警察局，没有办法测量他们开车的速度了。

"嗯，先把你们的驾驶证拿出来。你们说句良心话，自己刚刚开车时的速度是多少？"

斯速度好像察觉到了警察的失误，一边拿出驾驶证，一边说道："时速大约100千米？"

裴高速也慢吞吞地拿出驾驶证，说道："我好像也是那个速度……"

刹车距离与速度

警察知道两个人是在说谎，大发雷霆地说道："你们好大的胆子，竟然敢对我说谎？时速100千米？你们以为我是白痴啊？哼！"

就在这时，警察看到了斯快速刹车后汽车滑行的痕迹。

"既然这样，那看来我们要按照刹车距离来收罚金了！"

说着，警察就拿出尺子开始量刹车距离。

"嗯……斯快速的刹车距离是10米，裴高速是40米。那么，罚金是……因为裴高速的刹车距离是斯快速的4倍，所以裴高速的速度就是斯快速的4倍，因此罚金也是他的4倍！"

"什么？"

听到警察说的这似乎没什么根据的话，裴高速也十分生气地说道："这也太荒唐了吧。您也看到了，我们俩几乎是同时停下的！我的速度怎么可能是斯快速的4倍呢？我不会交4倍的罚金的。"

警察毫不留情地回答道："让你交你就得交！"

裴高速走到警察跟前，大声喊道："不是我不交罚金，我是不认同您刚刚的说法，我的速度不可能是斯快速的4倍，因此也就没有理由交4倍的罚金。如果警察先生继续要求我交4倍的罚金的话，我立马就去物理法庭起诉你。"

　　"啊哈。你说你要起诉警察？行啊，随你的便！"

　　裴高速立马赶到物理法庭，起诉了这位警察。

在不受外部影响的情况下，由于能量守恒，动能会全部转化为摩擦力做的功。

如果说一辆车的刹车距离是另一辆车的4倍，那么这辆车行驶时的速度也是另一辆车的4倍吗？

让我们通过物理法庭来了解一下吧！

物理法庭

审 判 长：现在开始审判。在公路上超速行驶是十分危险的事情，而且违反了道路交通管理法规。所以说，交罚金是毋庸置疑的。但是，两个人需要缴纳罚金的数额有很大的差别。那么，这样的差距是怎样得来的呢？首先，请被告方律师辩护。

吴利茫律师：裴高速承认超速的事实，并且，当初也有很多在场的证人。警察在接到报警时急于赶到现场，忘了携带测速器，但是，由于高速行驶的车在紧急刹车时会在地面上留下刹车时的痕迹，根据这个痕迹就可以基本判断出

刹车距离与速度

两辆车行驶时超速的情况。斯快速的刹车距离是10米，裴高速的刹车距离是40米，因此，我们可以推测裴高速行驶的速度是斯快速的4倍，因此，警察要求裴高速交纳斯快速4倍的罚金是合理的。

审 判 长：我也理解刹车距离在一定程度上能够反映出超速行驶的情况，但是，刹车距离和速度到底有什么具体的联系呢？

吴利茫律师：汽车刹车时的刹车距离越长，那么，可以说汽车的行驶速度也就越快。因此，原告应当承认自身的错误并交纳罚金。

审 判 长：您的意思是速度和刹车距离是成正比的吧？对于被告方的辩护，原告方有何意见？

皮兹律师：被告方的辩护有些牵强。对方的判断只是大体的猜测，不能完全认同。我

刹车距离与速度

们将展示科学而又客观的证据。我们请来了证人——科学学会能量领域的泰斗级人物杨能量博士。

审 判 长：好，请证人入庭。

这时，一位看起来40多岁的男子走进了法庭，坐在了证人席上。他穿着运动背心，两臂的肌肉十分发达。

皮 兹 律 师：我们能不能根据刹车距离来判断汽车速度呢？

杨能量博士：几乎可以这么说。如果了解了动能与刹车距离的关系，那么很容易就可以得出两个人速度的比值。

皮 兹 律 师：这与汽车的能量有关系吗？

杨能量博士：在不受其他因素影响的情况下，无论在哪儿，能量都是守恒的。因此，当汽车刹车时，行驶时的动能不会分解或是消失，而是转化为其他形式的能量了。

刹车距离与速度

皮兹律师： 那么，动能都转化为什么能量了呢？

杨能量博士： 若汽车在行驶时刹车，汽车的动能最终会变为0。

皮兹律师： 能量都跑到哪儿去了呢？

杨能量博士： 动能转化为摩擦力做的功了。摩擦力与刹车距离的乘积也就是摩擦力做的功。此时，若汽车相同，那么摩擦力也是相同的，随着移动的距离不同，也就是刹车距离的不同，摩擦力所做的功也会发生改变。

皮兹律师： 这样的话，怎么根据刹车距离来计算两辆车速度的比值呢？

杨能量博士： 动能全部转化为摩擦力做的功，而两个人的赛车的质量及摩擦力也几乎相同，因此速度的平方与刹车距离成正比。

皮兹律师： 斯快速和装高速刹车距离的比值为1：4。这个比值与速度的平方的比值相同，因此实际速度的比值应为1：2啊。

刹车距离与速度

杨能量博士： 是这样的。实际上，裴高速的速度不
是斯快速的4倍而是2倍。

皮兹律师： 速度是别人的2倍但却被要求交纳4倍
的罚金，如果原告就这样交了罚款那
也太冤枉了。被告应要求原告交纳2倍
的罚金。

审判长： 动能会转化为摩擦力所做的功，知道
这个原理，问题就容易解决了。原告
的速度是斯快速的2倍，因此需要交纳
2倍的罚金。在开车时请不要超速，
因为超速而来到物理法庭也不是一件
光彩的事情。但是，不管怎样，多亏
我们了解了速度、摩擦力以及刹车距
离之间的关系，这次事件得以快速解
决。好，那么此次审判到此结束。

刹车距离与速度

　　审判结束以后，由于对相关知识不够了解而要求裴高速支付4倍罚金的警察向裴高速表示了歉意。而超速驾驶的斯快速和裴高速都交纳了罚金。事件结束以后，两个人都明白了速度并不能代表一切，于是重归于好，又成为亲密无间的好兄弟。

 能 量

　　能量是物理学中描写一个系统或一个过程的量，大小与这个系统做功的量相同。因此，能量的单位与功的单位相同，为"焦"（J）。若物体可以做大小为E的功，那么物体所具有能量的大小也为E。

滑雪场的墙也太近了吧？

为什么要充分了解滑雪场的长度呢？

"爸爸，我们也去滑雪场滑雪吧。"

早晨，冬期一睁开眼就去叫还在梦中的爸爸。冬期这么做是有他的理由的。冬期的爸爸王忙碌总是早出晚归，冬期还没起床他就已经去上班了，因此，平日里冬期几乎就见不着

走进案件

爸爸。放寒假了，冬期也想像其他小朋友一样能和家人一起去旅行。而冬期发现，今天爸爸正好不上班，便趴在爸爸的啤酒肚上，一边晃一边把爸爸叫醒。

"爸爸！"

妈妈把吵吵闹闹的冬期放到床上，对他说道："冬期啊，爸爸太累了！让妈妈和你一起去吧！好吗？"

"不要！其他的小朋友都和爸爸一起去滑雪场的……我连个雪橇都坐不上！"

"你这孩子！再闹的话妈妈连滑雪橇的地方都不带你

滑雪场的墙也太近了吧?

去了!"

"呜呜,我讨厌妈妈!"

冬期伤心地哭了起来。听到"哇哇"的哭声,爸爸王忙碌从梦中醒了过来,他揉了揉还没睁开的双眼,说道:"大清早的怎么这么吵?"

"爸爸,我要去滑雪橇。呜呜呜……"

"老公!你不用管了,再睡会儿吧!我带冬期去滑雪橇。"

"不要!我要和爸爸一起去!"

王忙碌想到平时里因为自己太忙都没能好好关心一下儿子,顿时觉得心里有些酸楚,他安慰着冬期,说道:"好啊!我的好儿子!爸爸带你去滑雪橇!"

"老公,你这么累,还是好好休息吧。"

"没事儿!我也要尽到当爸爸的责任啊!冬期啊,我们走!"

"哇,爸爸最好啦!"

冬期穿上厚厚的羽绒服,牵着爸爸的手去了滑雪场。从家里到滑雪场,冬期一直就没有松开爸爸的手。

"冬期啊,和爸爸一起出来开心吗?"

"嗯,太太太太开心了!我一会儿还要吃鱼丸,我还要照好多好多照片给小朋友们看!"

滑雪场的墙也太近了吧？

"好啊。"

看到儿子开心的样子，王忙碌心里顿时也愉快起来。由于正赶上寒假，滑雪场里的人非常多。光买票就已经等了有30多分钟。

"哎呀，是不是全国人民都聚到这儿了啊？人怎么这么多？唉！"

由于排队等了太久，王忙碌变得有些疲惫，他半合起眼，开始打起盹儿来。

"王冬期！"

"咦？这不是骄傲嘛？"

冬期的朋友骄傲也和家人们一起来滑雪场玩。

"你好！哦……冬期，你怎么没在家里呆着，来这儿干嘛啊？"

骄傲的话里带着点嘲笑的意味。

"啊，啊，你是我们冬期的朋友啊。我是冬期的爸爸！"

"我也是和爸爸一起来的。"

"嗯，好啊，以后你们要好好相处啊。"

说完话，胖胖的骄傲就一蹦一跳地跑到前面去排队了。

骄傲总是炫耀自己和家人们一起去玩的经历，想到

滑雪场的墙也太近了吧？

骄傲看到自己和爸爸也一起出来玩，冬期感觉心里美滋滋的。

"嘿嘿嘿……"

"笑什么呢？"

"和爸爸一起出来玩真开心！"

看到儿子乐得像朵花的小脸，王忙碌顿时忘记了排队等待一小时的辛苦。

"以后如果有时间，哪怕是近点的地方也要经常带冬期出来玩玩。"

此时的安全管理员忙得不可开交。看到滑雪场已经挤满了人，安全管理员那安全向经理报告道："经理！如果再继续接待游客的话那就会有危险了。可以容纳的人数已经到了极限，如果再继续接待客人的话，说不定会出事故的。"

"我们也不能因为这个就把客人们轰回去吧？本来滑雪场就只在冬天才能营业的……那我们就再开一个滑雪场！"

"但是……那个地方用起来还不是很方便。那里空间又小，而且还在施工。"

"我说开业就得开业！哪儿来这么多话？"

"那万一出了事故……"

滑雪场的墙也太近了吧?

"怎么会出事故?注意点不就好了嘛。我们要安全管理员是干嘛的啊?不就是要你们来防止事故发生的嘛!不管你说什么,我就要用那个滑雪场!"

"经理,但是现在那里空间还太小……"

"闭嘴!我是这儿的经理!我让你干什么你就干什么!快把那个滑雪场给我开放!"

无奈,安全管理员那安全最终还是开放了那个有问题的滑雪场。

"大家请注意一下!由于B滑雪场人已满,我们将开放C滑雪场。请大家按顺序站成两队,准备入场。"

在门外冻得瑟瑟发抖的人们很快便聚了过来。冬期和爸爸也兴高采烈地走进了滑雪场。

"哇,终于进来啦!"

"是啊,但是这滑雪场怎么这么小啊?看来今天是第一天营业啊。"

新开放的滑雪场规模非常小。但冬期已经迫不及待地松开爸爸的手,爬上了雪橇。

"爸爸!我先滑啦!"

"冬期啊!冬期啊!滑的时候小心点儿!"

"嗯,爸爸也快过来吧!"

冬期兴奋地忙着坐雪橇,根本就没听到爸爸说什么。

滑雪场的墙也太近了吧?

王忙碌觉得人太多,就没打算坐雪橇。

"根本就没有地方可以玩了啊!"

王忙碌打算一会儿再坐雪橇,于是,便坐在餐饮区一边吃鱼丸一边看着儿子。

"还是滑雪场的鱼丸最好吃。哈哈哈。"

就在这时,安全管理员的声音通过扩音器响彻滑雪场:"由于此滑雪场为临时开放的备用滑雪场,请大家在滑雪时注意安全。特别是孩子们的监护人,请照顾好自己的孩子,不要让孩子自己乘坐雪橇。请一定与孩子一起乘坐。那么……一会儿听到我的哨声,请大家一起往下滑。"

想要坐雪橇的人爬上雪橇,稳稳坐下,做好了出发的准备。此时,王忙碌开始有些担心。想到年幼的儿子自己坐雪橇,他就有点害怕。为了找儿子,他爬上了山坡。

"冬期啊!"

"爸爸!"

"爸爸和你一起坐。"

王忙碌把冬期放在自己的两腿间,做好了出发的准备。只听安全管理员一声哨响,人们一齐从坡上滑了下去。

"哇!"

滑雪场的墙也太近了吧？

　　冬期的小脸被冻得通红，一边滑他一边兴奋地叫了起来。

　　但是，就在这时，滑雪场出事了。

　　"哐！"

　　"啊啊！"

　　坐着雪橇从山坡上滑下来的人们全都撞在了墙壁上。滑雪场顿时变得十分混乱。王忙碌的腿受了伤。他顾不上包扎就急急忙忙地去找儿子冬期了。

　　"冬期啊！"

　　"爸爸！"

　　庆幸的是，冬期仅仅擦破了点皮，并无大碍。但是，一想到儿子差点受伤，王忙碌就感觉脊背一阵发冷。王忙碌气愤地赶到滑雪场办公室，大声说道："喂！施工都没有结束，滑雪场怎么能用啊！因为你们的过失来滑雪的人都受伤了！"

　　"这怎么是我们的错误呢？是人们滑雪时太不注意安全了吧……"

　　"你说什么？"

　　"你们滑的时候应该注意安全啊！"

　　"你这人也太不像话了！我这就向物理法庭起诉你们这黑心的滑雪场！"

滑雪场的墙也太近了吧？

　　王忙碌带着冬期赶到物理法庭，并起诉了滑雪场。几天后，被当天在滑雪场受伤的游客起诉的滑雪场老板站在了被告席上。

当从滑雪场中较高的地方快速下滑时，势能会转化为动能并使物体加速运动。

滑雪场下面的路如果过短会有危险吗？
让我们通过物理法庭来了解一下吧!

物理法庭

审　判　长：现在开始审判。在这起事件中，有许
多人险些在滑雪场受重伤。这起事件
到底是怎样发生的，这到底是由于谁
的失误而引起的呢？我们需要具体来
了解一下。首先，请被告方辩护。

吴利茫律师：每到冬季，滑雪场的人都会非常多，场
面也会比较混乱。为了让人们玩得更开
心，被告还专门另外开放了一个滑雪
场，并提醒大家在滑雪时注意安全，这
难道不是游客自己份内的事吗？游客由
于自己的疏忽造成了事故，却让被告承
担责任，这是不合理的。

审　判　长：这么听来被告方的辩护似乎有一定

滑雪场的墙也太近了吧？

道理。但是，请问滑雪场的安全有保障吗？

吴利茫律师：当然了。我们设有足够人数的安全管理员，并且在游客搭乘雪橇时还专门广播通知让大家注意安全。

审　判　长：好，那接下来该听一下原告的陈述了。在原告方看来，乘坐雪橇的人们受伤的原因到底是什么呢？

皮兹律师：若滑雪场本身就达不到安全标准，那设置再多的安全管理员，广播再多次安全注意事项又有什么用呢？滑雪场至今仍在施工，并且空间十分狭窄，因此是十分危险的。我们将通过证人来证明发生事故是在所难免的。我们的证人是在科学大学教授力学物理的那滚动教授。

审　判　长：好，请证人入庭。

滑雪场的墙也太近了吧？

这时，一名45岁左右的男子像马戏团小丑一样，打着滚进了法庭。每滚一圈，他都要看看手表，计算一下自己打滚的速度。就这样，他一直滚到了证人席上。

 皮兹律师： 貌似打着滚移动是您的爱好啊，哈哈哈！当在滑雪场坐着雪橇下滑时，在什么情况下最危险呢？

 那滚动教授： 在滑雪场，雪橇是从几乎没有摩擦力的高处冰面上滑下来的。开始滑下时的高度越高，滑行时的速度也就越快。这时，能量会发生转化，虽然摩擦力会对此产生影响，但在摩擦力可忽略不计的情况下，势能与动能之和就会守恒，而雪橇在高处所具有的势能就会在雪橇下滑时转化为动能。从高处往下滑的人们的速度会非常快，若滑雪场下面的距离足够长的话，雪橇就会在摩擦力的作用下减速，最终也就不会发生碰撞事故。

滑雪场的墙也太近了吧?

皮兹律师: 也就是说,如果滑雪场下面的距离不够长,那么从高处滑下来的人们在速度减到足够小之前就会撞到墙上了吗?

那滚动教授: 是这样的。在速度没有减到足够小的情况下,若乘坐雪橇的小孩儿撞在墙上,小孩儿肯定是会受重伤的。这种情况下,能不能保全性命都会成为未知数。

皮兹律师: 想想都觉得很恐怖。因此,我们要求置游客的安全于不顾、开放问题滑雪场的老板对此事件负责,赔偿游客的治疗费用以及精神损失费。

审 判 长: 滑雪场老板在滑雪场施工还没有结束的情况下就开放营业,造成了事故的发生,滑雪场老板应承认自己的过失,并按照原告方要求进行赔偿。万幸的是,孩子们没有在事故中受到大的伤害,希望滑雪场都能以此为鉴,

滑雪场的墙也太近了吧？

在对安全情况进行彻底检查后再营业。那么，此次审判到此结束。

审判结束后，滑雪场又开始继续施工。虽然得到了补偿，但是王忙碌还是因为没能好好陪冬期而对儿子感到十分抱歉。因此，王忙碌下定决心，以后无论多忙，每星期都要抽出时间和冬期一起度过。

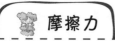

摩擦力

　　两个互相接触的物体，当它们要发生或已经发生相对运动时，就会在接触面上产生一种阻碍相对运动的力，这种力就叫作摩擦力。根据接触面光滑程度的不同，摩擦力的大小会发生改变，并且，物体的质量越大，摩擦力也就越大。

牛排掉下来的原因

放好的牛排为什么会突然从展台上掉下去呢？

金韩牛以养牛为业。最近，他拿出一大笔资金在市内开设了一家规模很大的牛排专卖店。在金韩牛看来，自己家牛肉的质量不输于任何一家，最近，他家的牛排作为礼品在科学王国获得了超高人气，因此，金韩牛倾其家产，投资牛排店，开始了自己的

走进案件

事业。他在市内附近的一处规模很大的公寓区找到了合适的店址。看到自己牛排店的店址，他满意地笑着说道："等房屋建好，弄完室内装修，我真的就要拥有属于我的牛排店了。

来到现场看看才真有了当老板的感觉啊。哈哈哈！"

就这样，看着自己的店一天天地建起来，他难以抑制心中的喜悦。但是，他知道，如果人们对他家的牛肉不够了解，那么就算他用最好的牛肉也是没什么用的。想到这些，金韩牛陷入了苦恼之中。在他看来，自己的店需要

牛排掉下来的原因

与一般的牛肉店有所不同。此时，他的脑子里忽然灵光一闪：为何不干脆把牛排店装饰得别致一些呢？一般的百货商店在展示牛排时并没有什么特别之处，但如果他把店里装修得特别高级，客人们也许会觉得这家的牛肉也是十分高级的。因此，他特别请来了有名的设计师为他的牛排店进行室内装潢。

一位体型瘦小、衣服上挂满吊坠的男子用腻味的声音说道："很高兴见到您。我是室内设计师李出名。您就是请我来为您进行室内装修的那位吧……"

"哎哟，您好。像您这么有名的设计师能来为我们进行室内装修，实在是太感谢了！"

金韩牛恭恭敬敬地给设计师打了招呼，并带他参观店里。设计师脸上挂着高傲的表情，在店内看了一圈后，他用混杂着厌恶的语气说道："糟糕，糟糕，实在是太糟糕了！"

金韩牛吓得往后退了好几步。设计师拿出手绢，边擦额头边说道："这个地方实在是需要重新装修一下了。好吧，我会把这里变成最高级的牛排店。"

听到这些，金韩牛的脸上再次浮现出灿烂的笑容。

"设计师先生，实在是太感谢了！"

之后，施工便开始进行。过了一星期，牛排店终于开业了。看到牛排店的新面貌，金韩牛惊讶得合不上嘴。天花板上悬挂着巨大的吊灯，在店中央还设有一个小型喷泉。在四周的墙壁上，还设有多个金色的展示台，这些展示台十分特别，它们可以保持低温，因此若把牛排放在上面，还可以保持牛排的新鲜美味。在金韩牛看来，现在他的牛排店不是一家普通的牛排店，而更像是一家高级餐厅，到处都散发出高贵的气息。入口的大门被金色装饰品装饰得富丽堂皇，门把手是一个悬挂在门中央的环状物，看起来很别致。

李有名设计师不停地小心翼翼地擦着额头上的汗水，说道："怎么样？这样是不是看起来很高级啊？"

"真是太高级了。这就是我梦寐以求的牛排店啊！真是太感谢了，太感谢了！"

金韩牛连忙点头哈腰地向设计师表达感激之情。牛排店根本就不像一家牛排店，而更像是皇家餐厅，富丽堂皇，紧紧抓住人们的眼球。

很快，牛排店就开业了，人们也开始涌入店里。有几位顾客甚至都不知道这是家牛排店，只是因为好奇就走了进来。不过，在感叹富丽堂皇的室内装修的同时，大多数客人也对包装在正六面体盒子里的牛排的设计感到十分满意。此时的金韩牛可谓忙得不可开交。牛排套装只要一

牛排掉下来的原因

被放在展示台上，立马就会被抢购一空。为了不让摆放牛排套装的展示台空着，金韩牛吩咐营业员们不间断地快速从仓库把牛排拿过来。金韩牛就在店里一圈圈地检查展示台，突然发现最里面的展示台上没有摆放牛排套装，于是，他对负责人那慢慢大发雷霆，呵斥道："展示台上为什么没放牛排套装啊？快点干！没看到要买牛排的顾客已经都在排队等候了吗？"

那慢慢跑到仓库，一次拿了很多牛排套装，摆在了展示台上。但是，牛排套装并没有完全被放在展示台上，套装的五分之三处于悬空的状态。还好，牛排套装并没有从展示台上掉下去。不一会儿，那慢慢又去拿了一些牛排套装，仍像刚刚一样，只把套装五分之二的部分放在了展示台上。因为在他看来，这样摆放牛排可以速度更快一些。那慢慢不知道展示台上已经摆满了牛排套装，又跑到仓库去拿了一套回来。

"把这个放在哪儿呢？"

看到没有摆放牛排套装的地方了，那慢慢稍微迟疑了一会儿，最后，他把这个套装放在了已经摆放好的牛排套装上面。当然，他还是只把套装五分之二的部分放在了展示台上。但是，这直接导致了一场大型事故。那慢慢刚刚把套装摆在其他牛排套装上面，只见牛排套装突然从展

牛排掉下来的原因

示台上翻了下来，正好砸在了在展示台下走动的孩子的头上，孩子的头部因此被砸伤。

　　孩子的妈妈因为此次事故气得火冒三丈，并把那慢慢告上了物理法庭。

在摆放物品时，应当考虑一下物体的重心位置。

牛排套装为什么会掉下来呢？
让我们到物理法庭去看看吧！

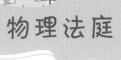

物理法庭

审　判　长：请大家入座。审判现在开始。首先请
　　　　　　被告方辩护。

吴利茫律师：尊敬的审判长先生。据我所知，牛排
　　　　　　套装重量很大。因此，为了不让孩子
　　　　　　们被牛排套装碰到，家长们应看护好
　　　　　　孩子才是。因此，在我看来，就因为
　　　　　　牛排套装掉下来而把责任全部推卸给
　　　　　　那慢慢先生是不合理的。因为，在有
　　　　　　危险的地方没能看护好孩子，这应该
　　　　　　是孩子监护人的责任。

审　判　长：好。下面请原告方陈述。

皮兹律师：为了对案件进行说明，我们请到了证
　　　　　　人——来自旋转运动研究所的朴旋转

牛排掉下来的原因

博士。

审　判　长：好，请证人入庭。

这时，只见一名穿着类似芭蕾舞演员紧身衣的男子走进了法庭。他一圈一圈地旋转着来到了证人席上。

皮 兹 律 师：请问证人是做什么工作的呢？

朴旋转博士：我主要致力于研究重心与旋转运动之间的关系。

皮 兹 律 师：此次事件也与重心有关系吗？

朴旋转博士：是这样的。展示台上牛排套装之所以不会掉下来，是因为牛排套装的重力与展示台给牛排套装的垂直的反作用力大小相同，方向相反并平行。刚开始，那慢慢把牛排套装的五分之三放在展示台上却没有掉下去，是因为其重心在牛排套装的中心位置，且重心在展示台上方，因此，重力就会与反作用力平行，牛排套装也就不会掉下来。

牛排掉下来的原因

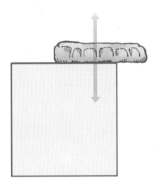

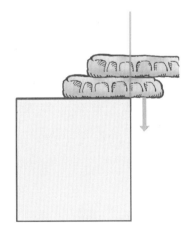

皮兹律师：这样一来就容易理解了。那么，当那
慢慢把第二份牛排套装放上去时，牛
排套装掉下来的原因是什么呢？

朴旋转博士：请看下图。
第二份牛排套装五分之三的部分放在

牛排掉下来的原因

了第一份套装上，而这两份套装的重心则来到了展示台外。重力的方向是垂直向下，而重心则在展示台外部，这使得牛排套装不会完全受到垂直反作用力。因此，牛排套装就会如图中所示，在重力的作用下，以展示台的一端为旋转中心发生旋转，最终掉了下来。

审 判 长：现在进行宣判。为了获得更高的利润而摆放更多的产品，这也是情有可原的。但是，与之相比，商家应首先考虑客人们的安全。因此，在将牛排套装摆放到展示台上时，应使牛排套装充分受到垂直反作用力，并使之与重力平行。在此，法庭判定此事件的责任应由那慢慢承担。

牛排掉下来的原因

　　审判结束后，那慢慢被解雇了。之后，那慢慢认真学习了物理学中的平衡知识。现在，他正在一个袋装肥料仓库工作，如今的他已经掌握了把袋装肥料放在桌上时保持稳定的方法。

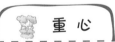

　　一个物体的各部分都要受到重力的作用。从效果上看，我们可以认为各部分受到的重力作用集中于一点，这一点叫作物体的重心。当物体的重心被托住时，物体就会维持水平的状态。质量均匀分布的物体（均匀物体），重心的位置只跟物体的形状有关，密度分布均匀、有规则形状的物体，它的重心就在几何中心上。

在山坡上翻滚吧！

在山坡上翻滚吧！

从山坡上下来时，滑着下与打着滚下有什么差异呢？

走进案件

星期天下午，东健闲着无聊，坐在电视机前看娱乐节目。

"东健啊！你要坐那儿看一天电视吗？你没作业啊？"

看到儿子无所事事的样子，妈妈开始唠叨他。但是，东健却一动都不动，眼睛根本就没离开过电视。

"郑东健！你是想被妈妈骂吗？你这个臭小子……"

东健仍旧没有搭理妈妈。妈妈气冲冲地来到客厅就把电视关了。

"呜哇——呜哇——"

"你哭也没用！妈妈都说你几遍了，你就顾着看电视，有什么好看的！"

"我看完这一个节目就不看了。妈妈——"

东健扭着身子，开始闹起来。只要是东健一开始要赖，谁也别想让他停下。只是，妈妈觉得他这个坏毛病应该改改了,所以妈妈决定坚决不能向他示弱,大声回答道:"不行!"

"叮铃铃!"

就在这时,电视机旁的电话响了起来。

"你快点回房间学习!快点!"

"哼!"

"你这个小子!"

"丁零零!"

电话响个不停,妈妈急急忙忙地过去接了电话。

"喂,你好。哪位?"

"东健妈妈!我是恩菲的妈妈!"

"有什么事吗?"

"今天不是百货商店最后一天打折嘛!要不要一起去啊?"

"天呐!真的吗?知道了,我这就出去啊。"

东健的妈妈急急忙忙地出门了。东健是绝对不会错过这样的好机会的。

"嘿嘿嘿。"

确认妈妈出了门,东健又打开了电视。星期天晚上有东健最喜欢的电视节目。

"观众朋友们,大家好。今天,在我们'直播Yman'

在山坡上翻滚吧！

里，我们请到了人气最高的明星，他们将进行一场有意思的'滑山坡大赛'。下面，我们将请出我们的出演嘉宾，最近人气爆棚的偶像组合——华丽男孩！有请！"

人气主持于在石兴奋地介绍了到场嘉宾。

"哈哈哈！"

东健捂着肚子哈哈地笑个不停，没人知道他到底在笑什么。

"大家好，我们是华丽男孩。"

华丽男孩是当今最受欢迎的偶像组合。这个组合由四名20岁的花样美男组成，他们歌唱得好，舞跳得棒，与实力派歌手不相上下。东健的女朋友娜英就是他们的歌迷。

"哼！一点都不帅！"

东健看起来十分嫉妒他们。

"华丽男孩的成员长得实在是太帅了。四位站在这里就像画报一样。哈哈哈！下面将要出场的嘉宾是美女组合——漂亮美眉！"

"大家好，我们是具有完美身材、天使面孔的漂亮美眉。今天，我们一定会努力争取第一的。加油，加油！"

漂亮美眉是由三名女孩儿组成的组合，她们个个美若天仙，但是，由于唱歌实力实在不怎么样，只能在节目里假唱。

"我们的漂亮美眉实在是太美丽了！哈哈哈。接下来的嘉宾与前面的嘉宾风格迥异，他们是搞笑五人帮！"

搞笑五人帮是由五名喜剧演员组成的组合。五位成员都长得很有喜感。

"丁零零！"

东健看电视看得正投入，这时，电话又响了。

"喂，谁呀！"

"东健，你不会是又在看电视吧？"

原来是妈妈。东健迅速把电视的声音调到静音。

"没有啊，我没看电视。"

"妈妈马上就要回去了，你趁妈妈还没生气快点回屋里学习！知道了吗？"

"知道了。"

"嘟嘟嘟……"

东健又把电视的声音放大了。主持人已经介绍完出场嘉宾。

"唉呀！没看到嘉宾介绍，都是因为妈妈的电话！"

"好，'滑山坡大赛'现在正式开始。首先将要出场比赛的是华丽男孩的队长——美男朱尼以及搞笑五人帮的队长——丑男民意。两位请出场！"

美男朱尼是华丽男孩组合中长得最帅的成员。而与他

在山坡上翻滚吧!

相反，丑男民意是搞笑五人帮里长得最奇怪的。

"哇！两位真是形成鲜明的对比啊。真是差距太大啦。两位是来自同一个星球吗？哈哈哈。"

丑男民意笑着说道："其实啊，我才是我们科学王国里长相最标准的。不正常的是美男朱尼啊！哈哈哈！我的名字就代表了民意啊。"

听了他的话，观众们都感到十分错愕。主持人于在石吐了吐舌头，说道："我们丑男民意不仅长得特殊，想法也很独特啊。哈哈哈。好，那么，从现在开始，我们将正式进行比赛。请两位做好下滑的准备。"

美男朱尼和丑男民意坐在了山顶上。

"好，请两位各自用一句话来为自己加加油。首先请美男朱尼！"

美男朱尼脸上露出迷人的微笑，说道："我会尽我最大的努力去比赛的，加油！"

"呜哇——"

嘉宾以及观众们都被他的微笑迷倒了。接着，丑男民意恐怖的脸出现了，他说道："实际上，在往下滑时，体重越重滑得也就越快。我相信我的体重。加油！"

"哎——"

观众们不耐烦地感叹道。

在山坡上翻滚吧！

"好，看起来两位已经准备好了。那么，当我倒数1，2，3以后，两位请同时出发。准备，3，2，1，出发！"

两个人同时以最快的速度出发了。但是，丑男民意忽然开始一圈一圈地打起滚来。

"啊！丑男民意开始打起滚来。速度可是非常快啊！"

最终，丑男民意率先通过了终点。

"丑男民意，实在是太厉害了。哈哈哈！"

"这算什么。做事要动脑子嘛！哈哈哈。"

"不管怎样，丑男民意取得了胜利。恭喜恭喜！"

这时，东健好像突然发现了什么。

"这个不是滑山坡比赛嘛，怎么还能打滚？这样做不是犯规吗？"

对此觉得有些奇怪的东健往电视台打了一个电话。

"喂，你好。"

"你好，我是正在收看'直播Yman'节目的观众。刚刚美男朱尼与丑男民意的比赛结果貌似有些不太正确。这明明就是滑山坡比赛嘛……丑男民意那样打着滚下来难道不是犯规吗？"

"嘟嘟嘟……"

接电话的工作人员好像有些不耐烦，直接挂断了电

在山坡上翻滚吧！

话。东健决定去物理法庭，并把这件事交给物理法庭来判决。第二天，东健把诉状提交到物理法庭，这件事也被媒体广为报道。

以"观众投诉'直播Yman'滑山坡比赛，称结果判定有误"为题的报道占了体育娱乐报纸的整整一面。

由于滑着下来要比打着滚下来的摩擦力更大，所以滑着下来的速度也就更慢一些。

从山坡上下来时，是滑着下来更快呢，还是打着滚下来更快呢？

让我们通过物理法庭来了解一下吧！

物理法庭

审 判 长：现在开始审判。我们需要探讨一下下坡时方法的不同，速度是不是也会有所差别。只有了解了其中的物理原理，才能够更好地说明情况。对于被告方律师吴利茫此次能否较好地说明，我有些怀疑。那么，还是请被告方先辩护。

吴利茫律师：审判长先生，您真是……太过分了。您明明知道我不会反驳您，还这样冷酷无情。现在连审判长先生都欺负我。但是不管怎样，我还是会好好辩护的。哈哈！

审 判 长：我不是欺负吴利茫律师……而且心里

在山坡上翻滚吧！

还突然有了些歉意。不过吴利茫律师乐观的态度还是很好的。哈哈哈！不要太难过，请开始辩护吧。

吴利茫律师：这次我仍然不会使用物理原理来说明。从山坡上下来的方法对下坡时的速度不会有任何影响，因此，谁能更快地下来就取决于那个人的运气与运筹帷幄的能力了。

审判长：按您的意思，从山坡上下来的方法对下坡时的速度没有任何影响啊。下面，我们来听一下原告方的主张。请原告方陈述。

皮兹律师：如果对物理毫不了解的话，那就不可能具备理解发生在日常生活中的力学运动的能力。吴利茫律师的辩护全都是根据自己的推测，因此，这并没有任何科学依据。在从山坡上下来时，是滑下来还是打着滚下来，这两种方法是产生的结果有着巨大的差异的。

在山坡上翻滚吧!

 审 判 长: 如果利用物理原理进行说明,那么陈述就会更加客观啊。

 皮兹律师: 当然是这样。为了更好地说明两种方法到底有何差异,我们请来了证人——来自力学运动学会的韩大力会长。

 审 判 长: 好,请证人入庭。

这时,一名身着健身服的中年男子进入法庭。看起来他已经50多岁了,但是,胳膊上的肌肉却十分发达。他貌似刚刚运动完就过来了,额头上还挂着亮晶晶的汗珠。

 皮兹律师: 在从山坡上下来时,滑下来或者是打着滚下来,这两种方式到底有什么差别呢?

 韩大力会长: 首先,若地面与山坡之间的角度、高度相同,那么在最高处的两个人所具有的势能是一样的。根据能量守恒定律,如果不考虑摩擦力势能会在选手下降的过程中全部转化为动能，因此两位选手的动能也是一样的。

 皮兹律师：也就是说，两个人的速度也会一样吗？

 韩大力会长：不是的。您刚刚不是说，根据下降方法的不同是会有一定差异的嘛？滑下来的人只需要直线平移的动能，而打着滚下来的人呢，他的能量的一部分需要转化为旋转的动能。因此，打着滚下来的人的速度要比只做平移运动的人的速度更慢一些。

 皮兹律师：这有些奇怪啊。实际上打着滚下来的人速度更快啊。

 韩大力会长：这是由于摩擦的缘故。滑下来的人由于只具有平移的动能，按照原理来说，他下降的速度应该更快一些。但是，在下滑的过程中，与地面摩擦产生的热会消耗一部分能量，因此，他的速度变得比打滚下来的人慢。

 皮兹律师：那么，打着滚下来的人几乎没有发生

在山坡上翻滚吧！

摩擦吗？

韩大力会长： 滚动摩擦消耗的热量比滑动摩擦消耗的热量少一些。因此，两个人只有用相同的方法下降，才能说比赛是公平的。

皮兹律师： 也就是说，如果下降方法不同的话，就不能说比赛是公平的了。选手要使用同样的方法，通过比较谁在下滑过程中速度更快，并以此来判定胜负，这样才能说比赛是公正的啊。看来节目要重录了啊。哈哈！

审判长： 同样的坡路也会因为下降方法的不同而产生速度的差异。对此有所了解了，下次比赛在制定规则时就要好好考虑一下这方面的知识了。在娱乐节目里，与分出输赢相比，更重要的是要让观众感觉到乐趣，因此，希望主办方能够通过此次活动积累经验，取得进步。原告对于简单的小事也抱有好奇心、仔细观察并提出问题的态度

在山坡上翻滚吧！

也是值得鼓励的。希望原告以后能更加用功地学习，成为一名优秀的物理学者。

审判结束后，东健的妈妈原以为自己的儿子只知道看电视，通过这件事，她才发现原来自己的儿子在科学方面还有一定的天分。于是，她再也没有因为儿子看电视而批评他。东健也有所改变，不看电视的时候，他也开始自学，经常看科学方面的书，成了一个懂事的好孩子。

摩擦生热

摩擦是指物体与接触面之间有阻碍它们相对运动的现象。摩擦力使得力学的能量守恒不能实现。因此，它在扮演减少力学能量的角色的同时，会把这些减少的能量转化为热量或者声音等类型的能量。这种通过摩擦产生热量的过程就叫作摩擦生热。

棒球棍的握法与安打

在打棒球时，根据握棒球棍位置的不同，为什么球飞出的距离也会不同呢？

走进案件

棒球选手李承业是世界知名的本垒打王。能够看一场他的比赛对于热爱棒球的人来说无疑是一种幸运。今天，世界棒球大赛决赛在科学王国展开。得知李承业选手将要出战的消息，无数的棒球迷涌入了决赛球场。

棒球比赛解说员许日成用兴奋的语气说道："啊，李承业选手的人气到底有多高，看看这拥挤的人群就知道了。自从开始承办棒球比赛以来，蚕室棒球场第一次迎来这么多观众。场面真的是十分壮观。实在是太激动了。如果平日里棒球场也能有这么多观众，那该有多好！李承业选手能不能每天都来比赛啊？哈哈哈！"

赛场里，李承业球迷俱乐部的会员们开始卖力地摇起提前准备好的横幅与红色气球。

"李承业！李承业！没有承业不可以！真的不可以！

加油！加油！加油！"

李承业的女球迷尤其多。其实，他的外貌绝不逊色于男演员们。散发着男性魅力的古铜色皮肤，高高的鼻梁，深邃的眼神，浅浅的酒窝，还有可爱的笑容！看到他迷人的外貌，谁会以为他是一名运动员啊！不仅如此，他的口才也是十分优秀的。真可以说是才貌双全啊！27岁的世界级本垒打王——但这个头衔根本不足以说明他的优秀。

"哇哇哇！李承业来啦！"

为了热身，李承业选手出现在了赛场上。观众席上开始躁动起来。各国的摄影记者也不惜闪光灯，不停地拍着李承业选手的一举一动。李承业选手好像对这些已经习以为常，就像没看到照相机一样，自顾自地热身。

"哎呀，真烦人。这小子的人气怎么就不会消失呢？"

他偶尔还会驻足，送给球迷们一个他特有的迷人微笑。

"天呐！看见了吗？李承业哥哥在对我笑！"

"呀！是在对我笑！呵呵呵。"

女球迷被他的微笑逗得神魂颠倒。

"承业啊！"

教练把李承业选手叫到了选手席。李承业一边向着球

棒球棍的握法与安打

迷们挥手，一边跑到了选手席边。

"是，教练！"

"今天状态看起来很好啊！哈哈哈！今天也要奋力全垒打！知道了吗？"

"啊……但是……这次我想成为安打王。"

"什么？本垒打王就得好好地打本垒打啊！怎么忽然想当安打王了啊？"

"我已经厌倦了全垒打王这个头衔了。我想成为安打王。这次比赛请为我加油啊。哈哈哈！"

"不行！这次比赛一定要胜利的！知道吗？这可是决赛啊！决赛！对方不是等闲之辈，想用安打来打败对方是很困难的！一定要全垒打！知道了吗？"

"我不同意。"

教练话还没说完，李承业就从椅子上站起来走开了。其实，完美男人李承业的缺点就是他的傲慢。而自从成为本垒打王，他的傲慢更加严重。当然，对于他的球迷来说，他的傲慢也是一种魅力。但是，对教练员来说，他的骄傲只会让人气愤。教练站起来，抓住李承业选手的右胳膊，说道："李承业！我可是对你说过了。这次比赛十分重要！这不是你想怎么办就怎么办的比赛！下次比赛你再争取安打王，今天你就好好地打你的本垒打！知道了吗？

棒球棍的握法与安打

对方可是强队啊！他们可不是你可以忽视的对手！"

"非常抱歉。我只会将注意力集中于提高击球率上。那么，我先走一步。"

李承业选手又回到赛场上热身。教练虽然对李承业的行为感到很气愤，但是由于他的地位，教练也拿他没辙。比赛终于开始了。他们要面对的对手是个强队。那可不好对付。而教练隐隐约约地有些不祥的预感。

"李承业！"

李承业选手根本就不理会教练的话。这时，教练又叫起来："握棒球棍时要尽量朝下握一些，然后再击球！"

李承业还是不吱声。

"这个嚣张的小子！管你什么明星球员呢，我再也忍不下去了！这次比赛结束后我绝对饶不了他！要不我就辞职，要不就把他踢出球队！哼！"

无可奈何的教练坐在了椅子上。两队的选手入场了。

"哇——。"

赛场内的应援声一浪高过一浪。李承业的球迷也扯着嗓子卖力应援着："花美男！李承业！全垒打王！加油！哇——"

就连对方的选手看到李承业都会感觉有点畏惧。

"是李承业啊！"

棒球棍的握法与安打

"要注意他的全垒打！"

对方的选手们开始互相交换眼色，传递信息。

"大家好！比赛终于开始了。我们的李承业选手！看着他就觉得心里很舒服。实在是长得太帅了！连男人都会被他迷倒的。真是太优秀了！哇！李承业选手来到了第一个击球员区。他在发光，他在发光！"

许日成开始如连珠炮一般地解说起来。他好像是李承业球迷俱乐部的队长，毫不吝惜对李承业的赞美之词。

李承业来到了击球员区。修长的双腿，健美的身材，他就好像从电视广告里走出来的模特一样。

"哎呀，李承业的风采甚至能够盖过王东健啊！"

"真是极品男人啊！哈哈！"

李承业好像是为了展示给球迷看，他摆好姿势，把棒球棍尽量向上握，准备击球。

"怎么能这样。我明明告诉他让他握棒球棍时要尽量往下一些的……"

由于李承业始终不听教练的话，教练非常生气，对着他大喊："李承业！棒球棍！"

教练把手合起来使劲冲着李承业大喊，但是李承业只是看了看，根本没有变换姿势。

"喂！李承业！往下握棒球棍！"

棒球棍的握法与安打

"他怎么老是对我这个全垒打王下命令？哼！我想怎么打就怎么打，你管不着！"

看到尖声大叫、气得直跺脚的教练，李承业又故意地往上握了握棒球棍。教练则仍旧不停地冲着李承业大叫。而李承业只是笑笑，并把棒球棍握得更往上了。

"李！承！业！"

火冒三丈的教练直接进到场地中央，冲着李承业选手走过来。

"你听不见我说什么吗？"

"听见了。"

"那你怎么还把棒球棍握得那么靠上？"

"我就想这样。您怎么能在比赛时到场地里来呢？难道您连这点常识都没有吗？请不要妨碍比赛，快点回到您的座位上。"

"你这个小子。你！有了点人气你就这么嚣张啊？"

"我自己的事情我自己会看着办。现在我不需要教练的指导了。"

对于他这种理直气壮的语气和行为，教练火气越来越大，冲着李承业大声说道："李承业！我是你的教练！你如果这样不听我的命令，我就要到物理法庭起诉你！快点把棒球棍握得靠下点！"

棒球棍的握法与安打

"起诉？哼！您起诉100遍也没关系。"

结果，比赛一结束，教练就把李承业选手告上了物理法庭。

力矩在物理学上指使物体转动的力乘以到转轴的距离。

握棒球棍时握得靠上一些，是不是摆动棒球棍时就能更快一些呢？

让我们通过物理法庭来了解一下吧！

物理法庭

审 判 长：现在开始审判。被称为棒球王子的优秀的李承业选手却没有按照教练的指导。在打全垒打时，为什么要把棒球棍握得更往下一些呢？而被告又为什么要把棒球棍握得往上一些呢？我们来听一下被告方的辩护。

吴利茫律师：李承业选手外号全垒打王，他打过很多次全垒打。比起继续做只打全垒打的选手，李承业选手更想成为多打安打、击球率高的选手。但是，教练却完全不理解被告的心情，强烈要求被告打全垒打，甚至完全忽视被告的想法。原告教练应当取消诉讼，与被告重新好好商议。

审　判　长：是教练不能理解李承业选手的心情
吗？由于这次比赛是决赛，教练可能
觉得这次比赛要比一般比赛更重要一
些吧。暂且先不提下次比赛再努力争
取击球率的事情，难道性格固执的被
告就没有什么错误吗？

吴利茫律师：双方都是有错误的。但是，不管把棒
球棍握得靠上还是靠下，只要打出本
垒打不就完了嘛？

审　判　长：被告方律师的意思是，棒球棍不用握
那么靠下也照样能打出全垒打吗？那
么，原告方为什么一直要求被告要把
棒球棍握得靠下一些呢？

吴利茫律师：难道不是因为把棒球棍握得靠上一些
打球时看起来会更帅吗？能够摆着帅
气的姿势占满体育新闻的一版，那有
多好啊。哈哈哈！

审　判　长：哎哟。如果再继续听吴利茫律师的

棒球棍的握法与安打

话，估计我也要神经错乱了。看来还是先听一下原告方的陈述会更好一些。请原告方进行陈述。

 皮兹律师： 本垒打是指击球员将对方来球击出外野护栏，击球员依次跑过一、二、三垒并安全回到本垒的进攻方法。为了说明打出本垒打需要具有哪些条件，我们请来了证人——来自世界物理学会的马强打会长。向审判长申请允许证人入庭。

审 判 长： 好，请证人入庭。

此时，一位体格健壮、表情很认真的男性走进了法庭。他看起来有50多岁，穿着干净的正装，坐在了证人席上。

 皮兹律师： 希望会长先生能用科学的方法为我们解释一下棒球的原理。请问，怎样才能打出全垒打呢？

马强打会长： 如果想要打出全垒打，那么，被击中

棒球棍的握法与安打

的球要具有很多的动量。所谓动量，是指质量与速度的乘积。当击打迎面而来的球时，需要朝着相反的方向击打，而球也会向着完全相反的方向运动，因此，动量会产生巨大的变化。在动量发生这样的变化时，就需要足够大的力，而如果把棒球棍握得更往下一些，球棍的击球点与发力的手腕之间的距离就会变长，而叫作力矩的旋转的力量就会随之变大。

 皮兹律师：那么，如果把棒球棍握得往上一些就打不出全垒打吗？

马强打会长：当然不是说不可能了。力矩在物理学上指使物体转动的力乘以到转轴的距离，若到转轴的距离变短，那么只要使作用在物体上的力更大就可以了。在打全垒打时，如果击球点到转轴，也就是人手臂处的距离变短，那么人击球的力就要相当大。但是，即使说

棒球棍的握法与安打

是运动员，也很难有那么大的力气打出全垒打。

皮兹律师：我明白了。下面，请审判长先生判决吧。

审　判　长：好，现在开始宣判。为了打出全垒打，在握球棍时应当向下握一些。看到被告在握棒球棍时很靠上，教练情绪激动是很正常的。加之原告一直在劝诫被告而被告却顽固不化，只顾提高击球率，这样的情况下教练不生气都不可能。棒球选手应当为队伍着想，有义务听从教练员的指挥，尊重教练员，与教练员共同讨论，作出正确的决定。无视教练员的选手只会成为队伍的累赘，不利于队伍整体的和谐发展。为了成为更好的选手，希望被告能够深刻反省自己的错误，尊重自己的队伍，尊重教练。

审判结束后，曾经自以为是的李承业对自己的所作所为进行了深刻的反省，并在接下来的时间内全身心投入训练中。看到李承业努力练习的样子，教练原谅了他，并派他出战了接下来的一场比赛。自从那次事件以后，李承业在握棒球棍时总会刻意地向下握一些。

 力臂的旋转

力臂可以被想象成近似于平面物体的事物。在质量一定的情况下，力臂越长旋转的惯性也就越大，旋转起来也就越困难。因此，即使力矩一样，较短的力臂也会比较长的力臂更容易旋转。

失败圆柱秀

失败圆柱秀

安柔软小姐到底能不能在旋转的圆柱上待很久呢？

走进案件

安柔软小姐是国家体操队队员。5岁时就开始练体操的安柔软被称为体操界的天才女孩儿，虽然现在只有20岁，但她已经是在国家队训练了5年的老队员了。长得漂亮、擅长言辞的安柔软也受到了演艺界的青睐，她参与了各种电视节目，还拍了很多广告。

"柔软啊！应该再柔软一些啊！不要想别的东西！精力集中！"

安柔软的教练——姜教练因其魔鬼式的训练方式而著名。实际上，说安柔软是托姜教练的福才成为国家队选手也不为过。体操选手在职业生涯期间，要把所有的时间都投入训练之中。

"教练，拜托您别再对我大喊大叫了，我现在可是明星了！"

"什么？你这个孩子真是越来越……你是体操选手！

不是娱乐明星！"

安柔软已经拥有了自己的粉丝团，人气高涨的安柔软越来越听不进去教练的话。

"今天就练到这儿吧。我今天还得去电视台参加节目呢，没时间再练习了。我明天一定一定会努力训练的！"

"你这个臭丫头！这次比赛你如果拿不了第一名，看我回头怎么教训你！哎哟……把电视节目放到第一位，训练倒成了第二位了。"

安柔软转身离开教练，然后向着电视台出发了。在电视台前，已经聚集了无数的粉丝。

"柔软姐姐！实在是太漂亮了！"

"运动最棒！长得也最漂亮！柔软姐姐，我爱死你了！"

为了给粉丝留下更美的印象，安柔软扭过头对粉丝微微一笑。

"我的人气实在是太高了啊……呵呵呵！"

电视节目录制现场汇集了当下人气最高的明星们。在这些明星中，安柔软也占有一席之地。

一直把安柔软视为眼中钉肉中刺的演员王公主突然对她说道："柔软小姐，您下个月不是有比赛嘛？"

"是的。"

失败圆柱秀

"看来您没怎么练习啊？您就那么有自信吗？"

坐在一旁的歌手姜志勋来到柔软身边，说道："我们柔软小姐不用练习也绝对能拿金牌啊。柔软小姐不是体操女王嘛。是不是啊，柔软小姐？"

安柔软在男明星中间也具有超高人气。说话时可爱的语气，完美的身材，美丽的脸蛋儿，是个男人就会爱上她的。王公主因此而十分讨厌、嫉妒柔软。

"哼！体操选手就好好去练你的体操呗，来参加什么电视节目！真讨厌！不知道练习却来参加电视节目，到比赛的时候你就等着出丑吧！哈哈哈！"

过了一会儿，开始录制电视节目了。这是一个给明星分配任务，并由明星亲自完成的娱乐节目。

"大家好！今天，我们依旧请来了时下人气最高的明星。尤其是受到万众瞩目的、我们的体操女王——安柔软小姑娘，啊，不对，是我们已经满20岁的安柔软小姐，她今天也来到了节目录制现场。哈哈哈。美丽的体操选手安柔软小姐出场了！哇，真是太耀眼了！哇呜！"

在主持人于在石吵吵嚷嚷地介绍下，安柔软故作娇羞地登场了。坐在下面的男明星们全都激动地尖叫起来。

"大家好，我是安柔软。"

"我们的安柔软小姐下个月虽然有体操大赛，却毅

失败圆柱秀

然决然地来参加了我们的节目，我们节目组真是感到万分荣幸啊！实在是太感谢了！下面，我将分配给您今天的任务。今天的任务是将您的身体贴在一圈圈旋转的圆柱上，同时保持不掉下来。我认为，拥有世界上最柔软的身体的安柔软小姐一定在任务中取得成功的。一会儿等安柔软小姐换下衣服，她将为我们献上在圆柱上旋转的精彩表演，敬请期待！"

主持人话音一落，安柔软小姐就趁着歌手演出的空当去化妆间换衣服。电视台的服装师为她推荐了一款看起来很原始的衣服，这件衣服是用近似于毛毡的布料做成的。安柔软穿上这件衣服照了照镜子，看到镜中的自己，她惊声尖叫道："啊啊！穿上这衣服不就成怪物了嘛？这件衣服会完全掩盖住我完美的曲线身材啊！"

安柔软不顾服装师的劝阻，执意换上了一件非常暴露、面料光滑的类似体操服的连衣裙。歌手的演出一结束，她就大步流星地登上了舞台。

舞台上摆放着一个高约3米的巨大的圆柱。在主持人的引导下，安柔软进入圆柱里。接着，在工作人员的帮助下，安柔软爬到了圆柱顶部，然后用身体贴住圆柱。这时，圆柱开始缓缓地旋转起来。安柔软脚下有一个可以踩住的托，这使她不至于在圆柱旋转时从上面掉下来。但

失败圆柱秀

是，过了一会儿，圆柱转得越来越快，而可以踩住的托也慢慢缩回到圆柱里，没有了依托的安柔软再也抱不住圆柱了，从圆柱上坠落到地面。所幸的是圆柱并不是很高，安柔软也没有受伤，但是，作为体操选手从未失误过的安柔软掉下来时的样子实在是十分地搞笑。

"很不幸，安柔软小姐抱着圆柱旋转的任务以失败告终。下周，我们会请其他嘉宾对此次的任务重新挑战！"

于在石说完了结束语，节目也结束了。节目结束后，网民们把安柔软从圆柱上滑下来时吃惊的表情用截图工具截了下来，然后传到了搞笑图片网站上。因为这张照片，讨厌安柔软的人变得越来越多。

在安柔软看来，电视台给她安排了人类根本无法完成的任务，这害得她人气下降。于是，她向物理法庭起诉了电视台。

为了能在旋转的物体上呆得更久，接触面的摩擦力越大越好。

安柔软小姐从旋转的圆柱上掉下来的原因到底是什么呢？

让我们通过物理法庭来了解一下吧！

物理法庭

🗿 **审 判 长：** 现在开始审判。首先，请原告方陈述。

🗿 **吴利茫律师：** 安柔软小姐难道是蜘蛛侠吗？连个踩的地方都没有，人怎么可能贴在圆柱上呢？肯定是电视台有人嫉妒安柔软小姐，然后在圆柱旋转时故意去掉了可以踩住的托。对于安柔软小姐的形象损失，电视台应向安小姐给予赔偿。

🗿 **审 判 长：** 请被告方辩护。

🗿 **皮兹律师：** 我们请来了证人——旋转圆柱秀的策划者多拉法先生。请多拉法先生入庭。

失败圆柱秀

这时，一名长得像圆柱一样的30多岁的男子走进了物理法庭，他坐在证人席上。

皮兹律师： 是您策划了这次的节目吗？

多拉法先生： 对，是这样的。

皮兹律师： 人到底能不能贴在圆柱上并且保持不掉下来呢？

多拉法先生： 这是有可能的。据安柔软小姐的服装师所说，如果穿上毛毡制成的衣服，那么，不从圆柱上掉下来是可以实现的。

皮兹律师： 这和衣服有什么关系呢？

多拉法先生： 为了紧贴住旋转的圆柱，是需要向心力的。这个向心力会成为托住紧贴圆柱表面的安柔软小姐的垂直反作用力。这个力始终向着圆柱的中心。因此，若想在圆柱旋转时不掉下来，那么安柔软小姐的摩擦力就要与安小姐的重力相互平衡。此时，摩擦

失败圆柱秀

力就与安柔软小姐的衣服有着密切的关系。像体操服这样的衣服，由于面料光滑，不能产生足以抵抗重力的摩擦力。电视台为了增大摩擦力，这才为安小姐准备了质地比较粗糙的衣服。穿上这件衣服，当圆柱旋转时，安柔软小姐的摩擦力与所受重力就会平衡，安小姐也就不会从圆柱上掉下去，并且，支撑安小姐的垂直反作用力会转化为向心力，使安柔软小姐实现美丽的向心运动。

皮兹律师：是这样啊。原本想要展示美好的一面，结果反倒丢了人。是这样吧？审判长先生。

审判长：本审判长同意被告律师的说法。想要把美的一面展示给大家，这无可厚非，但是，与之相比，为观众献上更为精彩的节目才是最重要的啊。因此，本审判长判定，此次事件是由于

失败圆柱秀

安柔软小姐不肯穿摩擦力大的衣服才发生的，电视台不需要对此负责。

审判结束后，有很多网民到安柔软的个人主页上留言批评她。而安柔软也通过自己的个人主页向喜欢她的粉丝道歉。一个星期后，她穿上电视台准备的原始人衣服，再次出现在圆柱秀节目里，这次，她很轻松地就完成了在旋转圆柱上的任务。

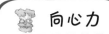

向心力

向心力是指物体在进行圆周运动时所需要的力。向心力与物体的质量成正比，与圆周运动速度的平方成正比，与圆周运动的半径成反比。

动 能

若物体在运动，那么物体的速度也就不会为0。质量为m的物体以速度v运动，此时，它所具有的能量就叫作动能。公式如下：

● 动能$=E_R=\frac{1}{2}mv^2$

首先，我们来看看这个公式。

若物体处于静止状态，那么物体的速度v就为0，此时，该物体的动能也为0。根据上面的公式，动能与速度的平方成正比，因此，我们可以知道，当物体以不为0的速度运动时，物体的动能始终为正数，即$T \geq 0$。

我们还可以知道，当物体运动的速度一致时，物体的质量越大动能也就越大。

下面，我们来看一下动能与功的关系。假设有一辆质量为m的汽车，它的初速度为v_1，并以加速度a进行加速运动，当汽车运动的距离为s时，它的速度成为了v_2。

由于汽车是在进行匀加速运动，因此$v_2{}^2-v_1{}^2=2as$①成立。

此时，作用在物体上的力$F=ma$，且由于物体移动的距离为s，那么力F所做的功W如下：

$W=Fs=mas$ ②

若把公式①带入公式②的话，那么：

$W=m \times \frac{1}{2}(v_2{}^2-v_1{}^2)=\frac{1}{2}mv_2{}^2-\frac{1}{2}mv_1{}^2$，因此，力$F$所做的功就是动能的变化量。

若把动能写作字母E_R，把动能的变化量写作Δ，那么

$W=\Delta E_R$成立。

势 能

位于高处的物体要比位于低处的物体具有更多的能量，这种根据物体位置高低的不同而具有

的能量叫作势能。

　　一枚钉子的一半被钉入了木板。有一块石头从10厘米高的地方砸向钉子。

钉子当然会被砸进木板。这是由于从10厘米高的地方砸下来的石头具有势能，并且做了功。

由于此时使物体下降的力是重力，因此，这种因为重力而具有的势能就叫作重力势能。如果从更高的地方把石头扔下去，那么钉子就会在木板上扎得更深，做的功也就越大。这是因为位置越高，物体所具有的重力势能也就越大。

假设质量为m的物体离地面的高度为h，且设地面为势能的基准位置，那么物体在其所在位置上时具有的势能E_P的计算公式如下：

$$E_P=mgh$$

此时，功与势能之间的关系可以用下面的公式来表示：

$$W=-\Delta E_P。$$

能量守恒定律

能量包括了动能和势能。而动能和势能统称为力学能量。但是，当物体在重力的作用下运动时，物体的力学能量始终保持不变。这种现象就被称为力学能量守恒定律。

我们来简单证明一下能量守恒定律。

由于功与动能的变化量一致，因此：

$W = \Delta E_R =$后来的动能—最初的动能

势能与功之间的关系可以表示为：

$W = -\Delta E_P = -$（后来的势能—最初的势能）

若将这两个公式写在一起的话，那么：

$\Delta E_R = -\Delta E_P$，也就是$\Delta (E_R + E_P) = 0$。

此时，力学能量E可以表示为：

$E = E_R + E_P$。

$\Delta E = 0$，因此E的变化量为0。所以说，力学能量始终是守恒的。

与力矩有关的案件

幸亏这是个滑轮店，有足够的滑轮可以使用。这样，在搬开沉重的木板时，利用滑轮组就会比只利用定滑轮省更多的力气了。

足球卡到树上了

足球卡到树上了

利用杠杆原理能把卡在树上的球拿下来吗?

走进案件

儿童足球世界杯决赛将要在上岩世界杯体育场举行。为了观看这场比赛,来自世界各国的人们都朝着上岩世界杯体育场涌来。庆祝儿童足球世界杯的热气球在蓝天中飞翔,赛场外到处都悬挂着彩色条幅,商人们也在四处贩卖应援道具以及各种零食,可以说,赛场到处都洋溢着节日的气氛。

"大家好!这里是上岩世界杯体育场。稍等一会儿,这里将要展开第十届儿童足球世界杯的决赛。看到这湛蓝的天空,大家的心情有没有顿时顺畅起来呢?这对于足球比赛来说,无疑是最好的天气啊。这让我突然有种今天比赛一定会取得胜利的喜悦感。好的。大家如果看到体育场的话,应该会发现这儿与以往有些不同。为了贴合儿童足球世界杯的主题,我们的足球场经过了特别的精心装饰。为了纪念儿童足球世界杯的开展,我们在球场的边缘种下了十周年纪念大树，真是太壮观了！看到这棵树，仿佛看到了我们的足球人才未来的英姿。但是，万一球被踢到树上，那该怎么办呢？哈哈哈！开个玩笑。足球又不是棒球。哈哈哈！"

此时，观众席上已经开始响起了热烈的助威声。观众挥舞着各色各样的大型条幅和牌子，球场内的气氛变得更为火热。

"红色天使！加油！"

"次爆炸！次爆炸！次爆炸！哇！"

终于，进入决赛的两支队伍开始入场。观众也开始大声欢呼。

"是的，两支队伍终于入场了！穿着红色队服的是'红色天使'队，他们是实力最强的儿童足球队。穿着白色队服的是我们的'次爆炸足球队'。我绝对不会偏向任何一方的选手，但是，客观地说，穿着白色球衣的次爆炸足球队实在是太帅气了！太帅气了！"

选手们一入场，观众席的气氛瞬间变得狂热而沸腾。

"今天，现场观众朋友们的欢呼声真是太热烈了。滚滚的热浪让我感觉好像身处桑拿房一样。哈哈哈！好，现在上半场比赛正式开始。红色天使队先发制人。我们的选手看来该紧张点了啊！"

足球卡到树上了

　　玛丽和协辅为了给自己喜欢的队伍加油，来到了世界杯体育场。

　　"喂！比赛貌似已经开始了！你如果少吃两个汉堡包就不会来晚了。你真是能吃，竟然吃了四个！这还不够，竟然还要再打包……哎哟！"

　　"两个汉堡包根本就不够塞牙缝的啊！至少吃四个才会有吃过东西的感觉。还有，最重要的是在加油助威的时候一定要有吃的东西。等会儿你可不要抢我的东西吃啊！哈哈哈！"

　　"你真是名副其实的饭桶啊！算了，我们还是先坐下吧。"

　　与给足球队加油助威相比，协辅更重视汉堡包、可乐、炸薯条这些吃的，他把这些吃的紧紧地抱在怀里，坐在了观众席上。

　　"嗯？什么？红色天使队好像踢得更好一些啊！"

　　"别担心！我们的队伍会胜利的！哈哈哈。你要不要吃这个啊？"

　　协辅从怀里掏出炸薯条和苹果派，递给玛丽。

　　"还吃？你还是歇会儿再吃吧！还有，我什么也不吃，不要跟我说话！我都没办法集中精力看比赛了！"

　　"哎哟喂！吃的东西会剩下的！哇哇，真好吃！"

上半场比赛红色天使队占据了优势。此时，为我们的球队呐喊的观众席已经沸腾到了极点。

"次爆炸！加油啊！加油啊！加油！加油！"

"吧唧吧唧……"

"喂！协辅，我们的队伍现在正处于劣势，你竟然还能吃得下去？"

"不知道别乱批评！我越吃才会越有劲，这样才能更努力为我们队呐喊助威啊！"

"哗！"

上半场比赛以0：0的比分暂告一段落。

"是啊，上半场稍微有些遗憾。红色天使队的小朋友们真是实力非凡啊。但是，我们的次爆炸足球队实力也是不容小视。只是在比赛时次爆炸队需要更具攻击性一些。大家看起来都太过紧张了！要快点让自己放松下来啊！我们会对下半场的比赛充满期待的！"

下半场比赛一开始，呐喊助威的热浪又开始翻滚起来。

"次爆炸，加油！"

"哦，协辅！你终于吃完啦？"

"嗯！从现在开始，我要正式开始呐喊助威了！只要是有我的加油助威，无论是哪个队，他们一定会取得胜利

足球卡到树上了

的！哈哈哈！等着瞧吧！我们次爆炸队一定会胜利的！"

与上半场比赛相比，两支队伍的选手也开始表现得更为积极主动。

"哇！我们的选手终于开始展示他们真正的实力了。看来上半场比赛时热身运动没有做好啊。哈哈哈。"

就在这时。红色天使队的贝克汉布选手像流星一般，开始快速地向前运球。虽然次爆炸的队员们使出浑身解数去防守，但都以失败告终。而贝克汉布选手最终将球射入球门中。次爆炸队的球迷观众席瞬间变得鸦雀无声，而与之相反，红色天使队的观众席则沉浸在兴奋与欢呼声中。

"啊……贝克汉布选手。实在是太了不起了。但是，刚刚他是不是越位了呢？是不是呢？看来不是啊。真可惜。目前的比分为1：0。现在离比赛结束只有10分钟了。10分钟的话，应该足以逆转比分了吧？希望我们的选手们能够快点打起精神，把比分逆转。3：1，有没有可能呢？哈哈哈。还有，希望观众们不要泄气啊。来！我们一起加油！"

剩下的10分钟内，观众们使出了吃奶的劲儿给次爆炸队加油。

"次爆炸！次爆炸！"

但是，就在比赛还剩一分钟就要结束时，红色天使队的鲁那选手一脚把球踢到了十周年纪念大树的树顶上。

"啊！到底发生了什么？离比赛结束只剩不到一分钟的时间了。在这无比关键的时刻，球竟然卡在了树上！需要快点上去把球拿下来啊！裁判员应当延长比赛时间。"

为了把球弄下来，选手们费了很大的力气爬到树上。但是，把球踢上树的罪魁祸首鲁那却在一旁呵呵地笑着，没有一点去帮忙够球的意思。次爆炸足球队的队员们用尽全身的力气爬上了树。但是，由于树干太滑，他们根本无法移动。红色天使队却趁着对手够球的工夫开始休息，放松起身体来。次爆炸球队的选手们累得大汗淋漓，想尽一切办法把球拿下来。但是，最后的一分钟无情地就很快过去了。

"哔，哔，哔！"

随着裁判一声哨响，比赛结束了。

裁判举起红色天使队队长的手，宣布红色天使队取得了胜利。作为庆祝胜利的仪式，红色天使队的队员们兴奋地在赛场上一圈圈地奔跑。去树上拿球的次爆炸队队员们从树上蹦了下来，然后像泄了气的皮球一屁股坐在地上。

"呜呜——"

年幼的小选手们哇哇大哭起来。

"真是太不像话了。我们的选手明明有机会进球

足球卡到树上了

的……由于鲁那选手失误将球踢到了树上，我们的选手连踢球的机会都没有，然后就这么冤枉的输了。我们的选手一定是感觉十分委屈，都坐在草地上哭了起来。"

观众、次爆炸队的选手以及教练都开始向比赛裁判表示抗议。但是，裁判对此视而不见。无奈之下，次爆炸足球队的爆炸教练向物理法庭起诉了红色天使队的鲁那队员。

"我以妨碍比赛罪向物理法庭起诉鲁那和红色天使队。自己把球踢到树上，却对此不管不顾，只知道在那儿看热闹。红色天使队也是明知自己的错误，却不向我们给予任何的帮助。"

红色天使队对此也提出了抗议："我们也想帮助你们，但是那么高的树怎么可能爬得上去？非常抱歉，但是我们确实没有办法。哼！"

"太不像话了！你们根本就没想帮我们。只是在盼着时间快点过去！不管怎样，我们都要把红色天使队告上物理法庭。"

就这样，几天后红色天使队站在了物理法庭的被告席上。

运用杠杆原理的话可以用较小的力产生较大的力。开瓶器、剪指甲刀等工具都充分运用了杠杆原理。

用什么方法可以拿到卡在树上的足球呢？
让我们通过物理法庭来了解一下吧！

物理法庭

审　判　长：现在开始审判。在案件里的情况下，不输看起来都不太可能啊。到底有没有方法可以把卡在树上的球拿下来呢？首先，请被告方辩护。

吴利茫律师：鲁那选手并不是故意把球踢到树上的。就算是故意的，那也很难把球踢到那么高的地方。并且，由于树干很滑，人是很难爬上去的，因此，我们都没有办法把树上的球拿下来。所以说，被告方对此没有任何责任。

皮兹律师：说不能把卡在树上的球拿下来，这是被告方在狡辩。利用杠杆原理的话，是绝对可以把球取下来的，而被告方

足球卡到树上了

则为了更轻松地赢得比赛、拖延时间才故意不去取球的。我们要求重新进行比赛。

审 判 长：如果不是十分特殊的情况，想要重新比赛还是非常困难的。刚刚原告方律师称能利用杠杆原理把球从树上拿下来，请问应该怎样做呢？

皮兹律师：为了更好地说明杠杆原理的使用方法，我们请来了来自科学王国物理大学的姜装强教授。请审判长先生允许姜教授以证人身份入庭。

审 判 长：请证人入庭。

这时，一名肌肉发达的40多岁的男子走进了法庭。他穿着牛仔裤，打扮很休闲。这个男人好像在炫耀自己的力量一样，一边扭动着肩膀，一边走到证人席坐下。

皮兹律师：足球卡在了树上，那么，利用杠杆原理可以很轻松地把球取下来吗？

物理法庭14 失败圆柱秀

足球卡到树上了

姜装强教授： 这是可以实现的。利用杠杆原理的话很轻松地就可以把树上的物体取下来。

皮兹律师： 杠杆原理到底是什么呢？

姜装强教授： 杠杆大体可以分为施力点、支点和受力点，杠杆中间的点为支点，通过调节施力点和受力点之间的距离，可以用比原来更小的力提起物体，或者使用相同的力气触及更高的位置。

皮兹律师： 那么，为了拿到树上的足球，应该怎么做呢？

姜装强教授： 在树下面设置一根杠杆，一名体重较轻、更容易爬上树的人站在杠杆的一端。在另一端，为了强力按下杠杆，需要找三名体重较重的人。此时，体重较轻的人会成为杠杆的受力点，而体重较重的三个人则成为施力点。杠杆的支点位于施力点和受力点之间，要离施力点更近而离受力点远一些。

足球卡到树上了

皮兹律师：支点的位置为什么要离施力点更近一些呢？

姜装强教授：从支点到受力点的距离与受力点上力的乘积、从支点到施力点的距离与施力点上力的乘积都被称为力矩。若这两个值大小相同的话，就会实现杠杆

足球卡到树上了

平衡。如果从支点到施力点的距离更近一些，那么只要使用很小的力，受力点的人就会被弹起来，从而拿到树上的足球。由于施力点、受力点两方的比例关系，当支点到施力点的距离变近时，作用在施力点上的力相应也要比受力点上的力更大。在这种情况下，虽然会有力的损耗，但是由于只要使用较小的力就可以解决问题，可以说，通过杠杆还是会有很大的帮助的。

皮兹律师：力矩是指力与距离的乘积，当受力点到支点的距离变大时，只要用较大的力在施力点上稍微一按，位于受力点上的人就会蹦到很高的距离。您说的应该是这个意思吧？那么，反过来说，用较小的力是不是也可以提起很重的物体呢？

姜装强教授：当然了。如果把支点放在离施力点远、离受力点近的位置，那么用较小

足球卡到树上了

的力就可以提起很重的物体。这样做虽然对做功没有什么益处，但是却可以省下更多的力来。

皮兹律师：我明白了，利用杠杆原理虽然不会实现做更多的功，但却会起到省力或者省距离的效果。聚集力量的话本可以把足球从树上拿下来的，但是被告却置之不理，故意拖延时间。希望审判长先生能给予被告方警告。

审 判 长：无论是什么比赛，双方只有堂堂正正地对决比赛才是具有真正意义的。本审判长判决，此次足球比赛应延长一分钟，两队在一分钟内重新进行对决。此次比赛，希望两队能够秉承公平竞争的精神，向观众们展示你们的英姿，拼搏到比赛的最后一秒。

足球卡到树上了

审判结束后，时长为一分钟的再对决展开，但是，次爆炸队最终也没能进球。即使这样，次爆炸队毫无怨言地认定了比赛结果，并向红色天使队的胜利表达了他们真心的祝愿。

 杠 杆

物理学中把在力的作用下可以围绕固定点转动的坚硬物体叫作杠杆。杠杆由固定的支点、受到力作用的施力点以及把力作用在其他物体上的受力点组成。通过调节施力点到支点之间的距离以及受力点到支点之间的距离，杠杆可以起到产生更大的力作用，或者起到通过移动较短的距离使物体移动更远的距离的作用。羊角锤、杆秤、剪刀、开瓶器等工具运用了杠杆省力的原理，而镊子等工具则利用了杠杆省距离的原理。

地球可以被撬起来！

一个人的力量真的可以撬起地球吗？

在科学王国一个名为古怪研究所的研究所里，有一名叫作阿基米德的科学博士。如往常一样，他头顶着几天没梳过的如杂草一般浓密凌乱的头发，穿着满是污渍的研究服，呆呆地望着天体望远镜。

走进案件

"吼吼，是啊。就是这样……"

博士的一名弟子向坐在旁边的助教问道："他自己在那儿自言自语什么呢？"

"我们怎么可能知道啊？他本来就那样。"

助教无奈地摇了摇头，从阿基米德博士的研究室里走了出去。虽然其他的科学家在一定程度上也会有这样的一面，但是，阿基米德博士尤为严重。一旦投入研究当中，穿什么、吃什么对他来说都变得毫不重要，他会几天几夜像疯子一样把自己关在研究室里，这也使和他一起工作的人受尽了折磨。助教已经连续三天没有休息了，他一

地球可以被撬起来！

直要在一旁协助博士。平时就不怎么精神的博士最近不知道又迷上了什么研究，变得比以前更加憔悴。每当有人问起阿基米德博士最近在研究什么内容时，他总会变得十分敏感。因此，一旦有人问他关于研究的内容，他就会雷霆大怒。对博士的性格比较了解的助教从来不问他关于研究的问题，只是默默地在一旁做博士吩咐的事情。和平时一样，整理博士书桌的助教开始偷偷地好奇博士到底在研究些什么。但是，无论再怎么好奇，他也不会去翻动那些被博士视为珍宝的资料。因此，他只能通过浏览博士从图书馆借来的书的书名来猜测博士的研究内容。

"嗯，月亮与地球，从地球到月球……地球的重量，月亮与地球的表面是什么样的……什么呀，难道只有与月亮和地球有关的资料吗？"

这时，助教从这一堆书下面发现了一本薄薄的书。

"这本书与其他书的内容有些不一样啊。"

被塞在最下面的这本旧书的题目是《杠杆的原理》。助教对这本书毫不感兴趣，把它放到一边就开始整理书籍，清扫书桌上积满的尘土。

就在这时，助教听见身后传来一阵骇人的尖叫声。

"啊啊啊啊啊——"

助教迅速跑到教授身边。

地球可以被撬起来！

　　"博士！发生了什么事？您没事吧？"

　　只见黑板上画着各种奇怪的符号以及图画等，而刚刚一直埋头计算着什么的博士忽然猛地抓住助教，两只眼睛瞪得特别大，大声叫道："我的研究终于有结果了！我很快就要成为被历史记住的伟大的科学家了！"

　　博士说着说着，激动的泪水就从眼眶里涌了出来。

　　"那么，刚刚惊声尖叫的是……"

　　"哦，哼哼……"

　　博士终于止住了他那包含感动与感慨的泪水，助手努力从脸上挤出一个笑容，勉强地为博士鼓了两下掌。但是，助手心里却在想："真是怪人中的怪人啊。"

　　正统科学学会是科学王国最具权威性的学术机构。

　　为了发表自己的论文，第二天，阿基米德博士整理好要发表的材料，亲自赶往正统科学学会。与以往不同，这次博士穿上了干净而正式的西装，刮了胡子，甚至还梳了头。此时，阿基米德博士的样子与以往完全不同。

　　"我去去就回。"

　　伴随着一声爽朗的问候，阿基米德博士迈着轻快的脚步，走出了研究室大门。看到博士久违的阳光的一面，助教的脸上也露出了欣慰的微笑。

　　但是，几个小时后，当博士回到研究室，助教发现

地球可以被撬起来！

他脸上的笑容消失得无影无踪。博士喘着粗气，走进了研究室。助教看到博士高兴而去，失落而归，都有些不知所措。小心翼翼地问道："博士，您怎么了？"

面色沉重的阿基米德博士回答道："他们说不能把我的论文登在学会期刊上。"

助教对此感觉有些突然，再次问道："不会吧，为什么呢……"

"说我的论文太荒唐，不可理喻！哼，本来伟大的发现或者发明在一般人眼里就是荒唐而不可理喻的。"

助教好像想起了些什么，手"啪"地一声合在一起，说道："博士，您也没必要一定要把那篇论文发表在学会期刊上啊。您就把论文传到网上，然后把研究成果向世人公开吧。如果真的是伟大的研究的话，博士害怕人们不会知道吗？"

"嗯，那个……要这样做吗？"

博士瞬间心动了。助教接着说道："当然啦。以博士的名义把研究成果传到网上，然后用通俗易懂的方式向人们说明您的研究，对此有兴趣的人会主动进行评论的。"

"那就这样呗。反正学会期刊也不会发表，那我就把这个方法当作救命稻草，最后拼一下吧。好吧。你就帮我把这篇论文传到网上吧。"

地球可以被撬起来！

　　"好的，请放心！"

　　第二天，经过助教修饰的论文出现在了一家门户网站上。论文的题目是《用一个人的力量撬起地球的方法》。无数的人点击了阿基米德博士的论文，博士的论文很快就登上了热门词汇的第一位。一周之内，博士的论文被登在新闻的头版，并得到了重点宣传。但是，曾经拒绝阿基米德博士论文的学术界却声称博士的研究内容毫无根据，并以欺诈公众的罪名将阿基米德博士告上了物理法庭。而博士毫不示弱，他又以对方侵犯自己的名誉为由起诉了对方。

如果要利用杠杆原理用较小的力量把物体撬起来，那么，支点与施力点之间的距离要比支点与受力点之间的距离更长一些。

人到底能不能撬起地球呢？
让我们通过物理法庭来了解一下吧！

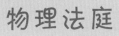

物理法庭

审 判 长：好，审判马上就要开始了，请双方就坐。现在开始审判。首先，请正统科学学会方陈述。

吴利茫律师：审判长先生，这篇论文只是由一些不靠谱的理论组合起来的，因为内容太过荒唐、不切实际，学会期刊没有刊登这篇论文，但是，阿基米德博士却对此怀恨在心，故意用具有迷惑性的文字欺骗群众，在网上发布虚假消息，这分明就是在对公众进行欺诈。

审 判 长：怎么证明是欺诈？

吴利茫律师：连小孩儿都知道，一个人的力量根本没有办法把地球撬起来，但是，阿基

地球可以被撬起来!

米德博士却否认了这个事实，这不是
欺诈还会是什么呢？

审　判　长：我明白了。那么，下面请阿基米德博
士一方陈述。

皮兹律师：我们请来了证人——来自杠杆研究所的
高杠杆博士，请审判长允许证人入庭。

审　判　长：同意，请证人入庭。

高杠杆博士肩上扛着一块长长的板子，费力
地把板子拉到证人席旁，然后坐在了证人席上。

皮兹律师：高博士，请问您刚才费那么大力气拿
进来的是什么啊？

高杠杆博士：是用来制作杠杆的板子。

皮兹律师：杠杆？杠杆与这次事件有什么关系吗？

高杠杆博士：当然有关系了。如果利用杠杆原理的
话，别说地球了，就连质量更大的物
体也能被撬起来。

皮兹律师：比地球还要重的物体？请您为我们说
明一下这到底有没有可能。

地球可以被撬起来！

高杠杆博士：杠杆可以分为施力点、支点以及受力点。杠杆的原理是将物体放在受力点上，并在施力点上施力，通过支点的支撑将受力点上的物体抬起来。随着支点与施力点之间的距离a以及支点与受力点之间的距离b的改变，情况也会发生改变。为了能用较小的力量抬起物体，支点与施力点之间的距离a要比支点与受力点之间的距离b更长一些。也就是说，通过损失距离来省下了力。如果这个距离越长，那么也就绝对可以抬起很重的物体。此时，为了撬起地球，作用在施力点上的力也要非常大。

皮兹律师：在杠杆上，通过利用施力点以及受力点到支点距离的改变所产生的效果，杠杆的一端是地球，另一端由人向杠杆施力，这样地球就能够被撬起来。这也太神奇了。那这个能不能用确定

地球可以被撬起来！

的数值来表示一下呢？

高杠杆博士：如果把杠杆原理整理为公式的话，那么 "a×作用在施力点上的力=b×受力点上物体所受的重力" 这个公式成立。物体的重量可能会很大，但是只要支点与受力点之间的距离很短的话，那么，用很小的力也绝对能够把很重的物体抬起来的。

皮兹律师：根据证人的证词，我们可以判断，利用杠杆原理的话，即使是像地球这么重的物体，人也绝对可以把它抬起来。因此，我方要求，曾经严词拒绝阿基米德博士的论文的正统科学学会应当承认自身的失误，并且应当将阿基米德博士的论文刊登在学会期刊上。

审 判 长：如果要把地球撬起来，看来是需要一根足够长的杠杆啊。只要有足够长的杠杆，那么，从理论上来讲，把地球撬起来是绝对可以的。曾经拒绝阿基

地球可以被撬起来！

米德博士的论文的正统科学学会，希望你们能接受阿基米德博士的论文，并将其刊登在学术期刊上。那么，此次审判到此结束。

　　审判结束后，学会会员们才知道他们差点错过了具有重要历史价值的学术成果，并为曾经拒绝阿基米德博士论文一事向阿基米德博士表达了歉意。之后，阿基米德博士的论文正式刊登在了学会期刊上。而阿基米德博士为了制作一个真的能把地球撬起来的杠杆，从那以后便整日埋头于对杠杆的研究中。

跷跷板的平衡

　　体重为30千克的英熙坐在跷跷板的最左端，体重为90千克的哲洙坐在跷跷板的右端，假设从支点到跷跷板最左端，也就是到英熙的距离是3米，那么，为了保持哲洙和英熙在跷跷板上的平衡，哲洙应该坐在距离支点多远的位置呢？哲洙的体重是英熙体重的3倍，那么，根据杠杆原理，哲洙要坐在支点右端，且他离支点的距离是支点离英熙距离的三分之一，这样坐，两个人就可以在跷跷板上保持平衡。因此，哲洙应坐在支点右端1米的位置上。

打水时的坠井事故

打水时的坠井事故

斗植怎么会突然掉到井里呢？

走进案件

井水村里有一口超过100多年的老井。对于井水村的村民来说，这口井犹如宝贝一样珍贵。

在井水村，人们每年都会在老井旁举行祭祀活动，以祈求村子的安定祥和。

村长把村里的人们聚集在一起，向村民们嘱托道："这口井对我们村来说，就像是神一样的存在。从我们祖先的祖先生活的时候开始，这口井就一直在守护着我们的村子。大家不能往井里丢任何垃圾，并且，在路过井边时，也请把头低下，向老井行礼！嗯嗯。"

世世代代都有人对这口井进行管理。人们称这些人为"老井守护者"。

有一天，从老井旁边经过的斗植和民秀在井旁停住了脚步。

"斗植啊！你喝过这口井的井水吗？"

"嗯……据我爷爷说，这口井里的水非常清凉。"

"我们要不要尝一下啊？"

"老井守护者叔叔不让随便喝的……"

"好啊！你真是个胆小鬼。"

"你说什么？我才不是胆小鬼呢！"

"那你就喝喝试试啊。"

天真的斗植上了民秀的当，脑子一热就下定决心要喝老井里的水。这时，突然有人从树林里走了过来。

"是谁啊？"

"谁……是谁啊？"

斗植和民秀好像被冰冻住一样，在原地一动都不敢动。此时，时间已经过了午夜，按说井边不会有什么人的。

"你们这些臭小子！在这儿干嘛呢？"

"是老井守护者叔叔吗？快逃啊！"

民秀一个人望风而逃，斗植急急忙忙地穿着衣服，被走过来的老井守护者抓了个正着。

"你不是斗植吗？你来这儿干嘛呢？"

"民……民秀说要喝井里的水，所以……"

"你说什么？这里的井水是要得到允许才能喝的。"

"太抱歉了。我们就开个玩笑的……"

打水时的坠井事故

"开玩笑？哼哼……这可是个秘密……我就只告诉你。这儿的井水就是传说中的喝了可以长生不老的水。所以说，不要想着偷偷喝啊。"

"是……明白了！"

斗植吓得一溜烟儿地逃跑了。老井守护者为了吓唬小孩儿们，故意向斗植说了谎。这个消息也很快在村子里传开。

"听说喝了井水可以长生不老的啊。"

"真的吗？"

这个消息传开后，只要一到晚上就会有人来到井边偷偷喝井水。老井附近也因此而变得人满为患。

老井守护者每天都会去检查井水。但是，古灵精怪的民秀开始有些怀疑老井守护者的话。

"斗植啊！我觉得老井守护者叔叔好像对我们说了谎！长生不老，怎么可能……"

"再捣蛋的话会出大事的！"

"不会的！我们绝对是被骗了！你……你是不是说想要我的游戏机来着？"

"游戏机？嗯……"

"那今天晚上你如果能把水从井里打出来的话，我就把我的游戏机给你！"

打水时的坠井事故

"啊？嗯……"

"哼！你害怕啦？胆小鬼！"

"啊……我知道了！"

斗植真的很想得到民秀的游戏机，于是，他决定再去一次井边。此时，老井守护者正坐在井前。

"哎呀……老井守护者叔叔到底要在井边呆到什么时候啊？"

"我去把叔叔引开，你趁机去井边打水吧！"

"知道了！你一定要按照约定把游戏机给我啊！我去找你要的时候你可不能反悔。"

当天晚上，民秀和斗植来到了老井附近。为了把老井守护者引开，民秀开始学小狗叫。

"汪！汪！"

"这是什么声音啊？谁在那边啊？"

老井守护者听到从树林里传来了狗叫声，便寻着发出声音的地方走了过去。斗植趁着老井守护者走开的空当快速来到了井边。

"虽然有点害怕……但要快点把井水打上来。游戏机……嘿嘿嘿。"

斗植用绳子拴住一个吊桶，然后把桶丢到了井里。在桶里盛满水后，斗植开始把桶往上拉。

打水时的坠井事故

这时，不知道是不是因为盛着水的吊桶太沉，斗植一下子被桶拉进了井里。幸亏老井守护者听到了动静，及时赶到井边，把斗植从井里救了出来。但是，斗植的爸爸认为老井守护者在井边放的桶太大，这才导致了儿子斗植掉进了井内。于是，斗植的爸爸把老井守护者告上了物理法庭。

在向上拉物体时如果使用动滑轮的话，一个动滑轮就可以使拉物体时的力节省一半。

井边到底需要什么样的滑轮呢？
让我们通过物理法庭来了解一下吧！

物理法庭

审 判 长：现在开始审判。以前还真不知道井边有那么危险，看来以后要小心一些了啊。据原告方称，斗植掉到井里是因为老井守护者在老井管理上的疏忽，针对原告方的控告，首先请被告方辩护。

吴利茫律师：被告老井守护者不分昼夜地守护着老井，为了不让人们掉到井里，可以说是用尽了精力，费尽了心思。原告掉进井里那天，老井守护者听到了奇怪的声音，于是便沿着声音的方向去寻找，听到原告掉到井里的声音，又迅速地赶回井边对原告实施救援。救了

打水时的坠井事故

原告的老井守护者不但没有得到感
谢，反而还要向原告赔罪吗？我看是
原告应该向被告表示感谢吧。

审 判 长：从井里打水时如果会有掉下去的危
险，那么不是应该采取一些措施防止
事故发生吗？请问被告方有没有什么
比较好的方法呢？

吴利茫律师：老井是村里神圣的宝物，因此，不能把
老井拆除。所以说，这才安排老井守护
者守卫着老井，并防止人们掉到井里。
在我看来，这就是最好的方法。

审 判 长：如果没有能够防止类似此次事件发生
的办法，那么，看来我们需要寻找一
个更好的方法了。自己的儿子掉到了
井里，原告为什么却说这是被告的责
任呢？下面，请原告方陈述。

皮 兹 律 师：在井边打水却掉进井里，这是因为井
边的安全设施不够完善。如果老井守
护者能够在井边安装合理的安全设

打水时的坠井事故

施，这种事情是绝对不可能发生的。

审　判　长：您说的是什么样的安全设施呢？

皮兹律师：我并不是说有什么特别的保护装置，由于老井是打水的地方，只要能设置一个可以安全打水的装置，那么这种打水时掉到井里的事故就不会再次发生了。

审　判　长：这种装置实际存在吗？

皮兹律师：这种装置就是滑轮。滑轮不仅能让人们在打水时更为安全，还能让人们在打水时省更多的力气。

审　判　长：滑轮是这么神奇的装置啊？那么，滑轮利用的是什么原理呢？

皮兹律师：滑轮包括定滑轮和动滑轮。根据使用滑轮方法的不同，滑轮会起到不同的作用。定滑轮是指在上方设置的固定的滑轮，可以用来把水从下面提到上面。

审　判　长：如果没有定滑轮的话，那么在提水时，就只能把拴着水桶的绳子往上

打水时的坠井事故

提。而与之相比，利用定滑轮的话，就可以改变拉动绳子的方向，往下拉动绳子就可以了啊。

 皮兹律师：是这样的。利用定滑轮的话，在井里打水时就可以往下拉绳子，这样人就不会被水桶拉到井里了。利用动滑轮的话，可以在提水时节省一半的力气。如果在提水时把定滑轮和动滑轮结合起来组成滑轮组的话，那么，提水时既可以改变拉动的方向，也可以省力气。根据需求的不同，滑轮可以有很多种使用方法。

 审 判 长：在使用定滑轮和动滑轮时，两者有什么差别吗？

 皮兹律师：定滑轮可以改变拉动物体的方向，但是，在拉动物体时不会省力，而且也不会节省拉动物体的距离。与之相比，使用一个动滑轮就可以节省一半的力气，但是拉动物体的距离会变为

打水时的坠井事故

原距离的两倍。使用滑轮虽然不能节省做功的量，但是，却可以节省做功时使用的力或者是改变用力的方向，从而在提起物体时更为方便容易。

审　判　长：不管用不用滑轮，做功的量都是一样的吗？

皮兹律师：是的。功是指力与物体在力的方向上移动距离的乘积，由于在使用滑轮时并不能够省功，因此，在用定滑轮时，使用的力与拉动的距离与原来相同，而动滑轮虽然能使拉动的力节省一半，但是，用来拉动物体的距离也会相应变为原距离的两倍。

审　判　长：看来，在井边设置滑轮的话可以更简单、更安全地把水提上来啊。为了防止安全事故的再次发生，希望老井守护者能够在井边安装滑轮作为安全设施。希望原告的儿子能够快点从坠井的阴影中解脱出来，以后在打水时，

打水时的坠井事故

也请利用滑轮以确保自身的安全。

审判结束后，人们在老井边设置了滑轮，从此，人们可以利用滑轮更为安全、方便地提水了。另外，知道了老井的水并不能让人长生不老的事实后，村里的人都感觉十分遗憾。

 定滑轮与动滑轮

使用滑轮时，轴的位置固定不动的滑轮，称为定滑轮。在利用定滑轮时，绳子挂在固定的轴上，拉绳子的一端，另一端就会将物体提起来。井边的吊桶、升降机等工具都利用了定滑轮。定滑轮可以改变力的方向，但是却不省力。

轴的位置不固定，会随被拉物体一起运动的滑轮称为动滑轮。挂在动滑轮上的绳子一端是固定的，利用滑轮拉动的物体会随着滑轮一起运动。在使用动滑轮时，力的方向不会发生改变，但是拉动物体的力可以比原来节省一半。由于使用动滑轮可以省力，因此，动滑轮被运用在例如起重机这样需要把较重的物体抬起来的装置上。

滑轮店惨案

滑轮店惨案

定滑轮和动滑轮到底使用了什么原理呢？

走进案件

安全线居住在科学王国的伶俐市。与往常一样，他满脸悲伤地出门去工作。虽说安全线在青年失业问题严重的当下勉强找到了工作，但是他对自己的工作并不满意，这也是他满面愁云的原因所在。安全线的工作地点是一家滑轮店，不知道这家店的建筑到底经过了多少年风雨的洗礼，现在已经是破旧不堪了。建筑的屋顶是用木头制成的，只要外面一下雨，店里的几个角落便开始 "滴滴答答" 渗进雨水。但是，与其他没找到工作的朋友相比，已经有容身之地的安全线的情况还是相对乐观的。伴随着 "吱呀呀" 的一声，来到店前的安全线打开了店门，来到店里。

"哦，这么早就来了啊？"

"是的，经理。"

正拿着锤子 "叮叮当当" 地制作滑轮的李江哲先生扭

过头来，向安全线打了个招呼。安全线开始整理起堆积在角落里的已经完成的滑轮，并把它们摆在货架上。

"天阴得这么严重，看来又要下雨了啊。"

安全线看了看天空，自言自语道。不一会儿，他的预言就成了现实。雨滴开始一滴一滴地从天空中滑落下来。安全线貌似已经对此见怪不怪了，他拿起一个摔瘪了的破铁桶，把它放在了屋子的一个角落里。神奇的是，没过多久，从房顶渗下来的雨水就"啪"地一声落入了铁桶里。

李江哲笑着说道："哈哈，全线真是完全变成我们店的人了啊。对我们店了解得那么细致。"

安全线苦笑了两声，为了把摆放在店外的滑轮拿进屋，安全线穿上雨衣，向屋外走去。

"哎哟喂……不是我了解滑轮店，是因为我们的店实在太旧了，经理怎么连这个都不知道。"

"哗啦啦，喔！！"

突然，天空中雷电交加，大雨从空中倾盆而下。刚刚心里还很平静的安全线被这突来的大雨吓了一跳。

"哎呀，吓了我一跳。现在又不是夏天，怎么会下这么大的雨啊？我们店的老房顶都快被压塌了。"

安全线一边自言自语，一边把滑轮放到怀中，然后走到店里来。就在这时，"嘎吱"只听一声如树干被折断一样

滑轮店惨案

的巨大声响，屋顶漏雨比较严重的一边全部塌落下来。怀里抱着一堆滑轮的安全线好像被冰冻住一样，一动也不动。

"天呐……屋顶真的塌下来了！"

这时，安全线听到了人的呼喊声。

"经理！"

当屋顶塌下来时，李江哲正好就在屋顶下，然后就遭了殃。安全线把怀里的滑轮一扔，冲进了店里。此时，雨水已经不是渗进店里来，而是哗哗地从空中直接洒进了店里。安全线推开挡在面前的一堆堆的滑轮，向着屋顶塌下来的地方猛冲过去。李江哲的腰部以下被巨大的木板压住，这使得李江哲无法脱身。

"经理，请您稍微等一下。我这就把您救出来。"

安全线先打120急救电话，然后便开始卖力地搬压在李江哲腿上的木板。

但是，本来就很重的木板被雨水浸透，变得更为沉重，安全线根本无法把木板抬起来。

"哎哟——快点帮我把这个搬开。哎哟喂，哎哟。"

"我正在努力地搬着呢。"

可是，无论安全线再怎么使劲，木板就像被钉住一样，一动也不动。

"你用滑轮试着搬一下。"

被木板压着的李江哲越来越虚弱，用最后的力气说完这句话后，他就晕了过去。安全线恍然大悟似地拍了下大腿，他把滑轮固定在另一边比较结实的房顶上，然后用绳子的一端挂住压在李江哲身上的木板，并用力将绳子的另一端往下拉。但是，木板只是稍微动了动，便又压了下去。这时，120的救护车终于来到了现场，他们很轻易地弄开了压在李江哲身上的木板，并把李江哲送往医院。这时，安全线才终于松了一口气。但是，由于在木板下压得时间过长，李江哲在医院足足住了一个多月。之后，李江哲一纸诉状把安全线告上了物理法庭。李江哲在起诉书上写道，安全线如果利用滑轮的话绝对可以把李江哲救出来，但是他却没有这样做，这才造成了这样的后果。

　　"这也太不像话了吧。我明明用滑轮试着把他救出来啊！"

　　安全线把起诉书随便一扔，气冲冲地朝物理法庭走去。

幸亏这是个滑轮店，有足够的滑轮可以使用。这样，在搬开沉重的木板时，利用滑轮组就会比只利用定滑轮省更多的力气了。

　　使用定滑轮并不能省力，只可以改变用力的方向。动滑轮虽然可以使提起物体的力量减少一半，但是，提起物体所用的距离却是原来的两倍。

用滑轮移动物体的原理是什么呢？
让我们通过物理法庭来了解一下吧！

物理法庭

审　判　长：现在开始审判。首先，请被告方辩
　　　　　　护。

吴利茫律师：审判长先生，您也听说过"恩将仇
　　　　　　报"这个成语吧？

审　判　长：听说是当然听说过……可是，这和现
　　　　　　在的案子有什么关系呢？这里是物理
　　　　　　法庭，又不是成语大赛。

吴利茫律师：案件中的情况不正好与这个成语相符
　　　　　　吗？为了把原告救出来，被告可谓用
　　　　　　尽了全力，但是，原告却恩将仇报，
　　　　　　把被告告上了物理法庭。本律师真是
　　　　　　对原告的这种做法感到十分愤怒。被
　　　　　　告非但没有得到感谢，甚至还被原告

滑轮店惨案

侵犯了自身的名誉！实在是太不可理喻了。

审　判　长：好的，我明白了，请被告方律师镇静。下面，请原告方陈述。

皮兹律师：尊敬的审判长先生，希望您能允许我请出我们的证人——来自滑轮研究所的多拉拉博士。

审　判　长：好的。请证人入庭。

审判长话音一落，只见一名又高又瘦的女子走进了物理法庭，她怀里抱着盛满大大小小的滑轮的箱子，来到了证人席上。然后，她又熟练地把滑轮摆放在了桌子上。

皮兹律师：请问，有没有什么办法可以用滑轮很轻松地将很重的物体提起来呢？

多拉拉博士：如果能正确地摆放并使用滑轮的话，那么用较小的力就可以将重物提起来。我刚刚摆放滑轮就是为了向大家展示它的这个用途。

皮兹律师：这是不是意味着原告被困住时，如果

滑轮店惨案

正确地利用滑轮，能够很快地把原告救出来呢？

多拉拉博士：当然了。被告在救原告时只用了一个定滑轮，但是，如果只用定滑轮的话，由于仍需要很大的力气，因此不能将重物移开。

皮兹律师：那么，除了定滑轮以外，还要使用其他的滑轮吗？

多拉拉博士：还需要使用动滑轮。滑轮包括动滑轮和定滑轮，两者是有一些差异的。定滑轮可以起到改变拉动物体方向的作用，而动滑轮则可以使拉动物体时所需的力减半，从而更容易地将物体拉起来。但是，在利用定滑轮拉动物体时，需要与原来同样大小的力，而在利用动滑轮时，则要消耗原来拉动物体时两倍的距离。由于被告在救原告时只利用了定滑轮，这导致被告在拉动木板时并不能省力，而且，被告并

滑轮店惨案

没有足够的力量把木板拉起来。如果将动滑轮与定滑轮组合起来使用的话，由于可以省一半的力量，被告可以更快地将原告解救出来。

皮兹律师：由于没有使用动滑轮，这使得他们在120急救车到达之前只能苦苦等待，而这也导致救助原告的时间变得更长。那么，滑轮的个数又会对结果有什么影响呢？

多拉拉博士：每增加一个动滑轮和一个定滑轮，拉动物体的方向就会发生改变，而拉动物体时所需的力就会减少一半。每当需要添加一个动滑轮时，只要再添加一个定滑轮就可以，随着动滑轮个数的增加，拉动物体所需要的力会慢慢变小，但是，拉动物体所需要的距离也会逐渐增加，因此，在利用滑轮时要进行适当的调节。

皮兹律师：利用动滑轮的话，需要的力虽然会减

滑轮店惨案

半，但是需要拉动的距离却会增加，因此，在使用滑轮时，要同时考虑这两个因素后再决定使用的方法啊。

多拉拉博士：是这样的。在同时使用动滑轮和定滑轮时，这种装置可以被称为滑轮组。利用滑轮组的话既可以节省力量，还能节省救原告时花费的时间，因此，被告根本没有起诉原告侵犯名誉权的理由。

皮兹律师：被告的工作是制作、售卖滑轮，但是却不会有效率地使用滑轮，这真是太遗憾了。希望被告能够承认是自己的过失导致原告住院那么久，并对自己没有责任感的职业意识进行反省。

审判长：从事制作、售卖滑轮工作的被告应该在一定程度上承认自身的过失。如果被告对自己的工作具有责任感，并且熟悉滑轮的特征及使用方法的话，我认为这次事件不会这么严重的。希望

滑轮店惨案

被告能对自身的过失充分地反省，并且熟练掌握关于滑轮的知识，展示给我们一个更为积极、勤劳的面貌。那么，此次审判到此结束。

审判结束后，安全线对因为自己的过失导致经理受伤入院一事感到非常的内疚，并直接到医院向经理赔礼道歉。后来，用心研究滑轮的安全线发现了滑轮的神奇之处，对此产生了无限的兴趣，成了利用滑轮解决问题的能手。

滑轮组

　　如果把动滑轮和定滑轮适当地结合在一起，那么用力的方向会发生改变，同时，还会起到省力的效果，像这样将两种滑轮结合在一起的装置就叫作滑轮组。此时，使用滑轮组既可以改变力的方向，也可以起到省力的作用。

钉子和螺丝钉

螺丝钉是用什么原理制造的呢？

罗出息是著名的钉子制造公司——四天公司的经理。今天，罗出息的心情看起来不错。他坐在松软的椅子上，两腿交叉着搭在桌边，还吹起了口哨。

走进案件

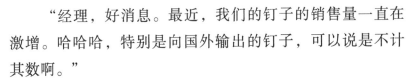

"笃！笃！笃！"

"请进。"

是宣传部的韩卑鄙部长。

"经理，好消息。最近，我们的钉子的销售量一直在激增。哈哈哈，特别是向国外输出的钉子，可以说是不计其数啊。"

"哈哈哈，是吗？"

"是啊。这样看来，我们是时候提高一下我们钉子的价格了。反正即使钉子价格高了，人们也不得不买我们的钉子。哈哈哈。"

"看来是这样。好的。趁这次机会把价格提高……提

钉子和螺丝钉

高两倍吧！"

钉子的价格从一元钱一个涨到了两元钱一个。消费者对垄断企业四天公司表示很不满。但是，生产钉子的厂家只有这一家，也没有其他代替钉子的物品。用固体胶粘相框根本不如用钉子钉的那么结实。但是，有一天韩卑鄙部长急匆匆地打开经理办公室的门，走了进去。正在睡午觉的罗出息被吓得一下子站了起来。

"什么事啊？怎么连门都不敲就进来了。"

"非常抱歉。由于有非常紧急的事要告诉您……"

"非常紧急的事？"

"是的，经理。出大事了。请打开电视看看吧。"

韩卑鄙部长走到电视旁边，把电视打开。这会儿电视上正在播放家庭购物节目。

"怎么了啊……我们的产品在家庭购物节目里出现又不是一次两次了，你有必要这么咋咋呼呼的吗？"

"经理！您仔细看看，那根本不是我们的产品！"

家庭购物节目的主持人正在微笑着介绍产品。

"亲爱的观众朋友们，今天，我将向大家介绍一件具有划时代意义的商品。之前，我们主妇们不得不购买昂贵的钉子，如果您也被逼无奈去购买昂贵的钉子的话，那么，接下来的消息无疑是一个喜讯。这个消息就是，代替

钉子和螺丝钉

钉子的产品问世了！这个产品是胶黏剂吗？不是。这是比钉子使用起来更简单、更牢固的产品！这个产品就是'螺丝钉'。这个螺丝钉是物理学天才——罗斯丁博士埋头研究30多年才发明出来的科学商品，这个商品中包含了完整的科学原理。今天，罗斯丁博士亲自来到了我们的节目现场。博士！"

这时，一位头发花白的绅士出现在电视画面中。

"各位顾客，大家好。我是物理学博士罗斯丁。"

"博士！据说您是经过很长时间的研究才发明出这么伟大的商品的，请问，这个到底有什么优点呢？请您亲自向观众们介绍一下。"

"好的，我的螺丝钉是运用物理学原理制造的科学产品。与垄断式销售的钉子相比，它更容易被砸进墙里。并且，为了消费者，我们不会漫天要价而是以廉价销售。钉子是人们生活的必需品，如果价格特别贵的话，就会给人们的生活带来不便。呵呵呵。"

罗斯丁博士呵呵地笑了起来。这时，家庭购物节目的画面里出现了"订购飞增"四个红色大字。

"是的，我们的订单正在急速增加。价格实在是太便宜了！买枚钉子的价钱可以买10个螺丝钉哦。呵呵呵。大家请注意！由于无数个电话正在打入我们的热线，想通过

钉子和螺丝钉

电话预定已经是非常困难了。如果可以的话，请使用自动订购电话吧。对使用自动订购的顾客，我们将给予三元钱的优惠。好的，大家快行动吧！呵呵呵。"

罗出息经理目不转睛地看着电视画面。要不是韩卑鄙部长叫了他一声，说不定连他也要打电话给电视购物节目订购螺丝钉了。这个螺丝钉就是具有那么大的魅力，连钉子制造公司的老板都完全被它吸引住了。这时，韩卑鄙部长把电视关掉了。

"经理！"

"嗯……嗯！啊！这是怎么回事啊？"

罗出息经理这才回过神。

"现在问题真是太严重了。竟然出现了价格那么便宜的钉子的替代商品……消费者全都被那螺丝钉吸引住了。这样下去的话……"

"这根本不可能！罗斯丁算老几啊！就靠那个骗子，想摧垮我的公司……"

罗出息经理气得牙根直痒痒。打拼了这么多年，吃了那么多的苦才到达事业顶峰，怎么能轻易地把自己的位置给别人呢。

"经理！这可怎么办啊？'

"快点召开紧急干部会议！"

钉子和螺丝钉

四天公司的所有领导层都赶来参加干部会议。

"各位，目前，我们的公司遭遇到了巨大的危机。大家讨论一下，看看有没有什么可以解决这个难题的方法。"

在座的公司领导层人士仿佛都变成了哑巴，会议室里鸦雀无声。郁闷的罗出息经理开始像个小孩儿一样在会议上发起脾气来。

"不要那么傻愣着，大家都快点讨论一下啊！"

这时，以性格冷静而出名的高知识部长说道："实际上，如果我是消费者的话，我也会购买螺丝钉的。说句实话，我们的钉子价格难道不是贵得有点离谱吗？就是因为之前我们坑害消费者，才导致公司落到这种地步的！哼。"

"喂！高部长！现在不是说这话的时候。现在应该讨论的是解决方案啊。不要在这个关卡上再表达不满了。"

"反正，要不就把价格降到螺丝钉价格那么低……否则的话，我们根本没有什么竞争力。"

领导层的人们都嘀嘀咕咕讨论起来。虽然高知识部长的话没有错，但大家都在看经理的眼色，不敢说什么。这时，韩卑鄙部长突然从座位上站起来，说道："哼！那样的便宜货螺丝钉能算得上是我们的对手吗……无缘无故降低价格反而会使我们产品形象受到冲击。富人阶层中因为价格高才买我们钉子的人占大多数。我们的钉子还是有市

钉子和螺丝钉

场的。"

高知识部长好像并不服输，他提高了说话的声音："那样的富人能有几个啊？就靠几个人的支持，怎么可能维持公司的销售额？所以说，请立刻降低钉子的价格。"

韩卑鄙部长无话可说了。经理对韩部长使了使眼色，但是韩部长却没有看经理。经理干咳了两声，说道："好，今天的会就先开到这儿吧。嗯——我身体有些不舒服……"

韩部长像经理的宠物狗一样，跟在经理的屁股后面走了出去。一进经理办公室，经理就开始怒骂道："这算什么事啊？你无缘无故地让我把钉子的价格提高……现在我们公司就快完了。完了！"

韩卑鄙部长结结巴巴地说："那个……经理，我有一个好的想法……"

"我再也不相信你的话了！立刻出去！"

"经理！您就最后再相信我一次吧。我们可以起诉螺丝钉的罗斯丁博士。"

"什么？要用什么手段起诉那个人啊？"

"世界上比我们的钉子更容易钻进墙的东西根本不存在。他现在正在全世界范围诈骗，是个非常坏的骗子。"

"这倒是事实。"

"所以说，如果起诉他并让他进监狱的话，谁还会买他的螺丝钉啊？那样我们的钉子就会重新受到人们的欢迎。"

经理对韩卑鄙部长的话有些感兴趣。第二天，罗出息经理就赶到物理法庭，以诈骗罪起诉了罗斯丁博士。

由于螺丝钉是一圈一圈地钻到物体上的，所以说，与钉子相比，虽然螺丝钉移动的长度更长一些，但是却可以用较小的力轻松地钻进物体。

螺丝钉到底利用了什么原理呢？
让我们通过物理法庭来了解一下吧！

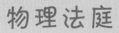

物理法庭

审 判 长：现在开始审判。啊，原来是有人开发出了一件足以冲击实力雄厚的钉子公司的产品啊。下面，我们就来了解一下发明螺丝钉的罗斯丁博士到底是因为什么原因才被起诉的吧。首先，请原告方陈述。

吴利茫律师：我们生活的方方面面一直都离不开钉子。如果能制造出比钉子更好的产品，那么钉子也不会像现在一样这么受欢迎。在挂东西或固定东西的时候，没有比钉子更好的东西了。制造螺丝钉的被告正在进行全世界范围的诈骗。被告应为此付出代价。

钉子和螺丝钉

审　判　长： 当然，我们也知道钉子可以让生活变得更方便。但是，如果真有比钉子更便于使用的工具，我们非但不应该处罚发明者，甚至还要给他发奖呢。吴利茫律师，您说是不是这样啊？

吴利茫律师： 啊……是啊……如果真有人发明那样的产品，是应该给他发奖啊。哎呀——我怎么进了审判长先生的圈套。

审　判　长： 现在，我们来听一下被告方的辩护吧。请被告方陈述一下，螺丝钉与钉子相比，到底有哪些优势呢？

皮兹律师： 以前在墙上钉钉子的时候都要用很大的力气，铁锤咚咚的声音也很容易让人心烦。而螺丝钉则可以弥补钉子的这些不足，并且，螺丝钉要比原告方的钉子卖得便宜很多，我确信，不久之后，比起既不方便使用、价格又贵的钉子，人们会更多地选择使用螺丝钉。

钉子和螺丝钉

审　判　长： 与钉子相比，使用螺丝钉能够更省力，并且在钻入墙里的时候噪声会更小吗？

皮兹律师： 对于螺丝钉的原理，螺丝钉的发明者——罗斯丁博士应该会比其他任何人说明得更清楚一些。请审判长允许罗斯丁博士以证人的身份入庭。

审　判　长： 好，请证人罗斯丁博士入庭。

　　罗斯丁博士像有点害羞。他一边微笑着，一边用手挠着花白的头发，走进法庭，坐在了证人席上。

皮兹律师： 首先，祝贺您发明了螺丝钉。请问，螺丝钉能够比钉子更容易钻进墙里的原理是什么呢？

罗斯丁博士： 由于钉子是没有纹路的，所以要用锤子把钉子砸进硬邦邦的墙面时，钉子会受到很大的摩擦力。相反，在螺丝钉上，一条条的斜线形成像是斜面一样纹路，只要一圈一圈地转动螺丝

钉子和螺丝钉

钉，螺丝钉就会钻进墙里。当钉子和螺丝钉在墙上钻进同样的深度时，由于螺丝钉要转很多圈，所以，螺丝钉花费的实际路程要比钉子长很多。而通过斜面钻进墙里既可以节省力气，还能防止噪声的产生。

皮兹律师： 如果把钉子比作竖着往高处爬，把螺丝钉比作通过斜面往高处爬的话，那么理解起来会更容易一些。

罗斯丁博士： 是这样的。爬同样高度的山时，虽然垂直向上爬时会走垂直路线，需要走的距离也会更短，但是却要用和重力一样的力逆行，因此爬起来很费力；而通过斜面爬山的话，路程虽然变长了，但是用很小的力就可以爬上去。大家看一下螺丝钉一圈一圈旋转时的样子就明白了。

皮兹律师： 柔弱的女性们在使用沉重的锤子时一般都感觉比较困难，而由于螺丝钉比

钉子和螺丝钉

钉子使用起来要更为方便省力，所以受到广泛的欢迎。我们都在期待生活中的大变化。我确信，利用了斜面原理的螺丝钉会比钉子使用起来更加便利。我认为，原告起诉被告是出于对原告发明的嫉妒，并想以此来陷害被告。我方要求，原告应当向被告赔礼道歉。

审 判 长：由于自身错误的判断以及强烈的嫉妒心，原告错将被告污蔑为骗子，原告应为此向被告表示歉意。为了发明使生活更为便利的螺丝钉，被告吃了很多苦头，现在，被告之前的辛苦终于有了回报。希望您以后也能发明出让生活更为便利的产品。那么，今天的审判到此结束。

钉子和螺丝钉

　　审判结束以后，因为自己的嫉妒心而把罗斯丁博士当作骗子告上法庭的罗出息向罗斯丁博士表示了歉意。听说自从这件事发生以后，知道螺丝钉优点的罗出息为了发明出可以替代钉子的更实用的产品，整日埋头于科学书籍，潜心研究。

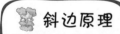 斜边原理

　　把物体升到同样的高度，利用斜边的话可以省力。这是斜边原理，斜边的坡度越平缓，也就越能够省力。

转不动的螺丝钉

在拔出螺丝钉时，有没有更方便、更省力的方法呢？

刚刚毕业的学生李模特最近正在忙着找工作，然而，今天他又一次吃了闭门羹。

"啊……如果早知道会这样，当初我一定会好好学习的。"

眼神温柔、外貌帅气的李模特在学生时代就受到女生的欢迎，一直沉

走进案件

浸在甜蜜恋爱中的他忽视了学习，几年下来没有学会任何技术。然而，只靠帅气的外表就想要找到工作，这比摘天上的星星还要困难，已经快30岁的李模特至今仍是无业游民，没有个正当的工作。

"不行了。这样下去说不定真的会被饿死的。我现在不是考虑自尊心的时候了，能干的事情不管是什么都试试吧。"

现如今才明白事理的李模特开始做他遇到的任何工作。从零工开始做起，只要是体力活，他就昼夜不分地做

转不动的螺丝钉

下去。看到他这么卖力的样子，一家建筑公司把李模特介绍给了一家房屋改造公司。李模特也因此终于有了自己的第一份正式工作，开始了他的职场生活。上班的第一天，李模特满心期待地去了公司。一走进公司狭小的办公室，职员们的视线就集中在李模特身上。这时，正好走进来的经理看到了他。李模特向经理作了自我介绍，而经理却瞬间皱起了眉头。

"职员本来就够多的了，现在又把这种人安排到我们公司……唉，烦死了。"

李模特没有听到经理在嘀咕什么。经理把李模特介绍给公司的职员们。

"啊，这个朋友叫李模特，以后他就要在我们房屋改造公司和大家一起工作了"。

尴尬地和职员们打过招呼后，李模特和经理一起去了工作室。工作室里堆满了各种旧家具。经理对李模特说："这里的旧家具都是我们要翻新的。你的工作是把这些家具拆开。"

"那么我应该怎么做呢？"

社长从口袋里掏出一个很小的螺丝刀。

"来，你拿着这个螺丝刀。"

看到这把小小的螺丝刀，李模特心里有些惶恐，他

转不动的螺丝钉

心想："哎呀，难道要让我用这东西把这里的家具全部拆开吗？"

"你用这个螺丝刀把这里的100件家具全都拆开吧。"

"啊？"

李模特惊讶地瞪大了双眼。刚刚的猜测变成了现实。

"但是，就用这么一个小的螺丝刀怎么可能把这么多的家具……"

"螺丝刀大小有什么关系吗？只要能转动螺丝钉不就可以了嘛。下班前能够做完吧？那我就先走了啊，你辛苦了。"

经理脸上浮现出阴险的笑容，他吹着口哨悠然地从工作室走了出去。茫然若失的李模特对着手里的螺丝刀看了好一阵子。接着，他突然打起精神来。

"我现在不是该这样的时候。应该赶快把这100件家具拆开，让他们看看我有多厉害！"

李模特"呼"地深吸了一口气，便开始把家具上的螺丝钉找出来一个个地往下卸。但是由于家具已经非常陈旧，螺丝钉上已经生了锈，用那么一个小小的螺丝刀把这些生锈的螺丝钉卸下来绝不是一件容易的事情。别说100件家具了，李模特花了一个小时才好不容易把一件家具拆开。不知道是不是因为刚刚用力太大，李模特一边转动螺

转不动的螺丝钉

丝刀，手一边开始颤抖。不知不觉中，时间就很快过去了，眨眼就到了6点下班的时间。经理来到工作室，环顾了一下屋里的家具。

"一件，两件，三件，四件……一共才拆了20件啊。还不到我要求数量的一半呢。你说是不是啊？"

"是的……"

李模特无奈地低下了头。

"像你这样想要凭借自己帅气的脸蛋儿进我们公司的，我是绝对不会接受的。你就当自己没打算在我们公司工作吧。"

"什么？哪有这样的事啊？就用那么一把小螺丝刀，任何人都不可能在一天内把这么一堆家具拆完啊，难道不是吗？"

经理眯着眼睛说道："你竟然还找借口给自己辩解。算了，我们公司不需要像你这样的人。"

李模特感到非常无语。他觉得，这是经理为了把他踢出公司故意耍的花招。李模特咬着牙，气愤地离开了公司。然后便径直向物理法庭走去。

　　手抓着螺丝刀的位置到旋转中心的距离越远、转动的力越大，那么旋转的力也就会越大，因此，为了在旋转螺丝刀时更省力，要选择把手比较粗的螺丝刀，并且手抓螺丝刀的位置要离旋转中心的距离更远一些。

螺丝刀的把手为什么做得那么大呢？
让我们通过物理法庭来了解一下吧！

物理法庭

审 判 长：首先请公司方辩护。

吴利茫律师：我们都知道，每家公司或企业都会制定适合本公司的标准来选拔职员。

审 判 长：所以呢？

吴利茫律师：这家公司也一样。只是因为李模特不符合本公司的标准，所以没接纳他而已。除了这个还能有什么呢？而李模特只是因为自己没有找到工作感到气愤而已。

审 判 长：请停止您毫无根据的推理。

吴利茫律师：虽然没有什么根据，但状况明显就是这样。唉……其实您都明白的，为什么还要这样呢？

194

与力矩有关的案件

转不动的螺丝钉

审　判　长：请保持态度端正，好好辩护。下面请李模特方陈述。

皮兹律师：请求审判长允许我们的证人——主轴研究所的朱轴石先生入庭。

审　判　长：好的，请证人入庭。

这时，一名矮胖的男子走进了物理法庭。他手里拿着一个螺丝刀模样的拐杖，怀里抱着一个巨大的螺丝钉模型，坐在了证人席上。

皮兹律师：在一天之内，一个人用一个小螺丝刀能把100件家具全都拆完吗？

朱轴石先生：螺丝刀的大小貌似并没有什么影响。用小螺丝刀也绝对可以做到的。

皮兹律师：您的意思是，原告之所以一整天只拆了20件家具是因为他没有认真工作吗？如果用原告给的小螺丝刀卸螺丝钉，无论是谁都会觉得很困难的。

朱轴石先生：原告之所以没能卸完螺丝钉，并不是因为他没有努力工作或者能力不

195

转不动的螺丝钉

够。如果想用小螺丝刀卸钉子，螺丝刀的把手要足够大才可以。但是，据我所知，被告给原告的螺丝刀把手非常小。

皮兹律师：螺丝刀把手与卸钉子的效率有什么关系呢？

朱轴石先生：通过螺丝刀的把手，螺丝刀才能获得旋转的力。也就是说，螺丝刀把手能给予螺丝刀旋转力。也就是说，力矩的大小与螺丝刀把手的大小有关。如果在螺丝刀把手上施很小的力而力矩很大的话，那么，即使是小螺丝刀也可以很轻易地卸下螺丝钉。

皮兹律师：如果螺丝刀的把手足够大，那么用较小的力旋转螺丝刀也能获得相应的旋转力吗？

朱轴石先生：是这样的。为了使螺丝刀旋转，需要一定的旋转力。根据产生旋转力的力到旋转中心距离的变化，旋转力也会

转不动的螺丝钉

产生变化。抓住螺丝刀把手的位置到螺丝刀旋转中心的距离越远、转动螺丝刀时的力越大，旋转力也就越大。因此，螺丝刀把手越粗大，从抓住螺丝刀的位置到旋转中心的距离也就越远，而转动螺丝刀时需要的力也就越小。所以说，把手大的小螺丝刀也能很轻易地卸下螺丝钉。但是，由于原告给被告的螺丝刀把手很小，在卸钉子时需要很大的力，因此，以一个普通人的力量想在一天里拆完100件家具是不可能的。

皮兹律师： 把手小的螺丝刀工作效率低，所以说当初被告给原告螺丝刀时，应当选择把手大的螺丝刀。原告的工作根本不可能完成，因此，被告不能因为原告没完成工作而判定原告能力不足，而且，被告让原告在一天内拆卸完100件家具，他的意图明显就是要把原告赶

转不动的螺丝钉

出公司。原告之所以没能把所有的家具拆开，是因为螺丝刀把手太小，原告在工作时已经尽其所能。因此，我们要求被告允许原告复职。

审　判　长：由于没有明确的证据证明，所以不能判定被告是故意要把原告从公司赶走的。但是，用把手小的螺丝刀无法在一天内拆完100件家具，这是大家应该承认的事实。所以，被告应同意为原告复职的要求。那么，今天的审判到此结束。

审判结束后，曾经想把李模特赶出公司的经理承认了错误，并同意李模特复职。复职后的李模特怀着一颗感恩的心，热情地投入他卸钉子的工作中。

杠杆原理

所谓杠杆，就是使用较少的力而获得更大的力的工具。最早发现杠杆原理的是古希腊的阿基米德。现在我们就来具体地了解一下杠杆原理吧！如下图，假设在杠杆的一头放上一个重为100牛的物体，放置物体的点称为受力点，力作用的点称为施力点，支撑杠杆的点称为支点。

如上图，受力点到支点的距离等于施力点到支点的距离，此时，作用在施力点的力的大小要等同于放在受力点上的物体重力的大小，这样，物体才能够被抬起来。那么，如果两边的距离不一样的话会怎么样呢？让我们做一个假设，假设施力点到支点的距离是受力点到支点距离的2倍。

这时候，只要将受力点上物体重力的力作用在施力点上，物体就会被抬起来。

同理，如果施力点到支点的距离是支点到受力点距离的3倍的话，只需用相当于物体重量的$\frac{1}{3}$的力就可举起物体。所以施力点到支点的距离越远，我们就可以用越少的力来举起物体。

杠杆的种类

杠杆主要分为三类。我们先来了解一下第一类杠杆。第一类杠杆的支点在杠杆中间，而施力点、受力点分别在杠杆的两端。支点离施力点的位置越远，将物体抬起时所用的力就越小。

　　第一类杠杆主要应用于羊角锤、剪刀、剪指甲刀、天平等工具。

　　现在，我们来了解一下第二类杠杆吧！第二类杠杆的受力点位于支点和施力点之间。

　　这是一种省力杠杆，在施力点上用很小的力就可以在受力点上移动较重的物体。第二类杠杆主要应用于剪纸的机器、开瓶器等工具。

接着，我们来了解一下第三类杠杆。第三类杠杆的施力点位于支点和受力点之间。这是一种费力杠杆。

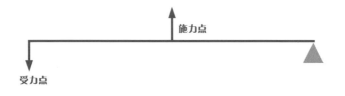

第三类杠杆跟第一类、第二类杠杆不同，作用在施力点上的力越大，作用在受力点上的力反而越小。比如，筷子、镊子等工具便是运用了这个原理。

滑轮的种类

滑轮分为定滑轮、动滑轮和滑轮组三个种类。首先，我们来看一下定滑轮。

如果我们向下用力的话，另一边悬挂着的物体会受到相反方向的力的作用。所以说，使用定滑轮可以改变作用在物体上的力的方向。但是，如果在定滑轮的一边悬挂重100牛的物体的话，必须要用100牛的力才能将物体拉住。所以说，定滑轮并不能省力。但是，如果是想将物体放到人们无法够到的位置时，使用定滑轮是一个明智之举。

所以，国旗升降机或是打水的吊桶就是利用了定滑轮原理。

接下来，我们一起来看一下动滑轮。动滑轮如下图所示。

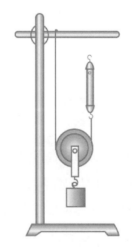

一起来提高物理成绩

　　使用动滑轮的话，物体移动的方向和力的方向一致，所以动滑轮不能改变力的方向。但是，由于使用动滑轮可以在提起物体时节省一半的力，所以动滑轮是一种省力滑轮。为什么说使用动滑轮可以在提起物体时节省一半的力呢？如上图所示，系在柱子上的绳子受的力与手拉的力合在一起才等于物体的重量，所以说是仅用物体重力一半大小的力就可以将物体提起。

　　那么，剩下的一半力是由谁来承担的呢？当然是系在柱子左边的绳子啦。

　　接下来，我们一起来看一下滑轮组。定滑轮可以改变力的方向，而动滑轮可以用在提起物体时节省一半的力，所以说，如果将动滑轮与定滑轮组合为滑轮组的话，不仅可以改变力的方向，还可以节省一半的力。

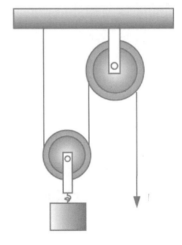

那么，如果是将2个动滑轮和1个定滑轮组合成滑轮组的话，会节省多少力气呢？

答案是仅用物体重量的1/4的力就可以将物体提起。

由于一个动滑轮就可以将力减为一半，所以说，两个动滑轮的话就是一半的一半，即1/4的力即可。

所以，运用滑轮组的话可以很轻松的将重物提起来，并且使用的动滑轮越多，就越节省力气。

那么，到底是谁发明了滑轮呢？滑轮的发明者是古希腊的阿基米德。他在与罗马军队的战争中，运用多个滑轮组成滑轮组，成功地用一只手将罗马军的船只提起来，并帮助国家取得了战争的胜利。

斜边的利用

运用斜边的话，可以用很小的力搬动很重的物体。但是，与垂直提物体相比，运用斜边移动物体所需的位移更大。此时，斜边的倾斜度越平缓，所需的力就越小。

那么，斜边主要是应用于什么情况呢？将重物装载到卡车上的时候，卡车车斗与地面之间放

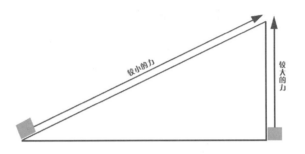

上一块倾斜的板就可以将重物很轻松地装载到车上了。

　　同理，当残疾人需要坐着轮椅上二楼时，可以在一楼和二楼之间用一个斜坡连接起来，这样就可以很轻松地将轮椅推上二楼了。

　　山路其实也是运用了斜边的原理，从而能够用更少的力气爬上山顶。

　　大家都知道，螺丝钉比钉子更容易钉进墙里，一般的钉子是直直地钉入墙中，而螺丝钉则是运用斜边的原理，虽然钻进相同的深度时，螺丝钉所用的位移比较长，但是螺丝钉可以用更小的力钻入墙中。

轮轴的原理

用轴连接大轮子和小轮子的中心，并能够带动两边轮子一同旋转的机械叫作轮轴。把较小的力作用在大轮子上，小轮子就会以更大的力转动。因此，轮轴可以起到让轴更容易旋转的作用。

那么，我们一起来看一下运用轮轴的例子吧。首先，我们先来看一下螺丝刀。因为螺丝刀的把手半径大，刀口的半径小，所以即使是用很小的力气转动把手，刀口处也会产生很大的力。

接下来，我们来看一下汽车的方向盘。汽车的方向盘为什么要做得那么大呢？这是为了让驾驶员可以用很少的力气来改变汽车行进的方向。

还有，为了让我们更省力地打开房门，门把

手上也用到了轮轴的原理。门把手的半径大，而把手与门连接的地方的半径小。

　　轮轴原理是基于杠杆原理得来的。施力的部位（施力点）距离轴中心（支点）远，受力作用的点（受力点）距离轴中心的距离近，所以才能够更加省力。

与物理交个朋友

在写作这本书的过程中，有一个烦恼一直困扰着我。这本书究竟是为谁而写？对于这一点我感到无从回答。最初的时候，我想把这本书的读者定位为大学生和成人。但或许小学生和中学生对这些与物理密切相关的生活小案件也有极大的兴趣，出于这种考虑，我的想法发生了改变，把这本书的读者群定位为了小学生和中学生。

青少年是我们祖国未来的希望，是21世纪使我们国家发展为发达国家的栋梁之才。但现在的青少年好像对科学教育不怎么感兴趣。这可能是因为我们盛行的是死记硬背的应试教育，而不是让孩子们以生活为基础，去学习和发现其中的科学原理。这不得不让我怀疑韩国真能培养出诺贝尔奖获得者吗？

笔者虽然不才，可是希望写出立足于生活，同时又符合广大学生水平的物理书来。我想告诉大家，物理并不是多么遥不可及的东西，它就在我们身边。物理的学习始于我们对周围生活的观察，正确的观察可以帮助我们准确地解决物理问题。

图书在版编目(CIP)数据

物理法庭. 14, 失败圆柱秀 / (韩)郑玩相著 ; 牛林杰等译.
—北京 : 科学普及出版社, 2013
 (有趣的科学法庭)
  ISBN 978-7-110-08232-4

 Ⅰ.①物… Ⅱ.①郑… ②牛… Ⅲ.①物理学－普及读物
Ⅳ.①O4-49

中国版本图书馆CIP数据核字(2013)第086722号

Original title : 과학공화국 물리법정 : 7 일과 에너지
Copyright ©2011 by Jaeum & Moeum Publishing Co.
Simplified Chinese translation copyright ©2013 by Popular Science Press
This translation was published by arrangement with Jaeum & Moeum Publishing Co.
All rights reserved.
版权所有 侵权必究
著作权合同登记号:01-2012-0271

作　者　[韩]郑玩相
译　者　牛林杰　王宝霞　朱明燕　窦新光　吕志国
　　　　汤　振　潘　征　吴　萌　陈　萍　黄文征

出版人　苏　青
策划编辑　肖　叶
责任编辑　邵　梦
封面设计　阳　光
责任校对　林　华
责任印制　马宇晨
法律顾问　宋润君

科学普及出版社出版
北京市海淀区中关村南大街16号　邮政编码:100081
电话:010-62173865　传真:010-62179148
http://www.cspbooks.com.cn
科学普及出版社发行部发行
鸿博昊天科技有限公司印刷
＊
开本:630毫米×870毫米 1/16 印张:13.25 字数:212千字
2013年6月第1版　2013年6月第1次印刷
ISBN 978-7-110-08232-4/O·130
印数:1-10000册　定价:25.00元

(凡购买本社的图书,如有缺页、倒页、
脱页者,本社发行部负责调换)